燃气轮机及空气保障系统

王建华 潘 涛 付 宇 著

机械工业出版社

燃气轮机进排气系统是影响燃气轮机的功率、寿命、经济性和舰船的声防护、隐身性以及舰船平台设计的重要因素。本书共10章，主要介绍了燃气轮机进气系统发展、进气装置防冰、进气消声器、进气滤清装置与部件、进气装置试验、进气系统空气动力学设计、舰船用燃气轮机进气系统相关标准、进气过滤材料等内容。

　　本书可供从事燃气轮机系统集成和辅机设计与制造的科研技术人员使用，也可供高等院校相关专业师生参考。

图书在版编目（CIP）数据

燃气轮机及空气保障系统/王建华，潘涛，付宇著. —北京：机械工业出版社，2021.12

ISBN 978-7-111-69802-9

Ⅰ.①燃…　Ⅱ.①王…②潘…③付…　Ⅲ.①燃气轮机－压缩空气系统　Ⅳ.①TK47

中国版本图书馆 CIP 数据核字（2021）第 252205 号

机械工业出版社（北京市百万庄大街 22 号　邮政编码 100037）
策划编辑：孔　劲　　　　　责任编辑：孔　劲　高依楠
责任校对：张晓蓉　张　薇　封面设计：张　静
责任印制：郜　敏
北京盛通商印快线网络科技有限公司印刷
2022 年 3 月第 1 版第 1 次印刷
169mm×239mm·11.5 印张·201 千字
0001—1200 册
标准书号：ISBN 978-7-111-69802-9
定价：98.00 元

电话服务　　　　　　　网络服务
客服电话：010-88361066　机　工　官　网：www.cmpbook.com
　　　　　010-88379833　机　工　官　博：weibo.com/cmp1952
　　　　　010-68326294　金　书　网：www.golden-book.com
封底无防伪标均为盗版　机工教育服务网：www.cmpedu.com

前　言

　　燃气轮机是以连续流动的气体为工质带动叶轮高速旋转，将燃料的能量转变为有用功的内燃式动力机械，是一种旋转叶轮式热力发动机。先进的燃气轮机技术已经成为衡量一个国家工业水平、军事实力，甚至是综合国力的重要标志之一，同时也是各国科技及军事工业优先发展的领域和重点研发的对象。作为一种先进的动力装置，燃气轮机以其卓越的性能在航空、舰船、发电、石油化工、天然气输送及铁路运输等部门得到广泛应用。

　　与柴油机、蒸汽轮机作为舰船动力装置相比，燃气轮机具有以下技术特点和优势：体积小，结构紧凑；噪声低，运动平稳，振动小；有害气体排放少；单机功率大，功率重量比大，起动加速性好；润滑油消耗低，保养量小，管理人员少；可靠性高，可利用率高。

　　目前，燃气轮机以其突出的优点已成为现役水面战斗舰艇的主动力，也是综合电力推进动力装置的重要组成部分。燃气轮机有着广泛的适用性，小到快艇，大到轻型航母，从驱护舰等排水型舰船到气垫船等军辅船，从柴燃、蒸燃、全燃联合动力装置到综合电力推进动力装置，燃气轮机都得到了广泛的装船应用。

　　燃气轮机进排气系统是影响燃气轮机的功率、寿命、经济性和舰船的声防护、隐身性以及舰船平台设计的重要因素。燃气轮机的船用化历程证明，如果没有进气系统提供的进气滤清、应急旁通和防冰等防护，将无法保证燃气轮机的安全可靠运行和使用寿命；如果进排气系统设计不合理，不仅尺寸、重量大，而且会降低燃气轮机的输出功率和增加油耗，将使得燃气轮机体积小、单机功率大（与其他动力装置相比）的优势难以发挥，甚至装舰困难；如果没有在进排气系统中采取的声防护和红外隐身等措施，舰艇的性能将大大降低，在当今的高技术战争中将无法生存。因此，燃气轮机进排气系统等空气保障系统技术是一项关键的燃气轮机装舰技术，是舰用燃气轮机发展中的一项重要研究内容。由于燃气轮机的进排气系统具有诸多的特殊性，对燃气轮机影响很大，因而受到广泛重视，并被作为独立的专业领域来研究。

由于作者技术水平所限，加之时间仓促，本书难免存在不足之处，还请各位读者批评指正。

王建华

2021 年 11 月

目 录

第 **1** 章

燃气轮机概述

如今在世界上新增加的发电机组中，燃气轮机及其联合循环机组均占有重要地位，燃气轮机一度出现供不应求的局面。目前，美国、英国、俄罗斯等国的水面舰艇已基本上实现了燃气轮机化，现代化的坦克采用燃气轮机作为动力，输气输油管线增压和海上采油平台的动力也普遍采用了燃气轮机。燃气轮机是一种高技术的动力机械，在一定程度上反映了一个国家的综合国力和工业化水平。目前世界上只有少数几个工业发达国家有能力研制、开发燃气轮机设备。

燃气轮机是关系到国防、能源、交通、环保等国计民生、有巨大发展前景的高技术产品，西方国家把它作为"影响国防安全、能源安全和保持工业竞争能力"的战略性关键产业。我国燃气轮机长期依赖进口，在燃气轮机制造技术方面基础较为薄弱，为此燃气轮机已成为我国"两机"重大专项需要突破的重要内容，也是我国"十三五"规划100个重大项目中首先要重点实施突破的内容。

1.1 燃气轮机的结构

在深入研究燃气轮机空气保障系统之前，有必要先了解一下燃气轮机主机。燃气轮机是以连续流动的气体为工质带动叶轮高速旋转，将燃料（天然气、其他可燃气体或油）的能量转变为有用功的内燃式动力机械，是一种旋转叶轮式热力发动机，主要由压气机、燃烧室和燃气透平三大部件组成，是一个国家技术水平和科技实力的主要标志之一。燃气轮机结构如图1-1所示。

燃气轮机结构非常复杂，这也正是燃气轮机成为工业领域最难制造的机器的原因之一。由于燃气轮机在工业领域中的巨大应用前景，我国从20世纪中后期就开始尝试燃气轮机国产化制造，但是历经半个世纪仍拿不出先进可靠的

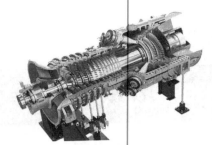

a) 局部结构

b) 整机结构

图 1-1　燃气轮机结构（西门子 SGT5—8000H 重型燃气轮机）

商用产品，一方面是国外对我国相关技术的封锁，另一方面我国在该技术的组织、研究开发等方面的投入尚有不足。令人欣慰的是，为满足军用需求而生产的某型燃气轮机最先取得突破，在军用基本成熟后又推向民用。下面介绍我国燃气轮机国产化的成功案例——CGT25 燃气轮机。

（1）CGT25 燃气轮机概述

1）CGT25 燃气轮机的原型机为乌克兰"曙光机械设计生产科研联合体"生产的 UGT25000 燃气轮机。该机型广泛应用于发电、工业驱动及联合循环/热电联供等领域，其中发电业绩 27 台，天然气输送业绩 226 台（统计数据截至 2014 年）。

2）自技术引进后，我国通过不断地改进设计，实现了对原型机的整体技术改进，基本实现 100% 国产化。

3）CGT25 系列燃气轮机装置在国内取得了大量的应用，包括用于中石油西气东输管线的工业驱动装置、用于船用主动力的推进装置以及用于驱动发电机的发电装置等。

4）CGT25 燃气轮机的本体由带底架的燃气发生器和动力涡轮组成。燃气发生器由轴流式高（低）压压气机、轴流式高（低）压涡轮和环管燃烧室组成，轴流式高（低）压涡轮分别驱动高（低）压压气机，燃烧室是回流环管式结构，由罩壳、火焰筒、等离子点火器、燃料喷嘴等组成。动力涡轮为轮盘结构，由喷嘴导向器、动力涡轮转子和动力涡轮支承环组成。

（2）CGT25 燃气轮机特性

1）基于工业用及船用理念设计的 CGT25 燃气轮机（见图 1-2），可广泛应用于工业发电、海洋平台发电等应用领域，适用于海洋环境等盐雾条件下长期连续运行。

2）CGT25 燃气轮机采用分轴式设计，其运行适应范围更广，具有良好的变工况性能，适用于工业驱动及船用驱动领域。

图 1-2　CGT25 燃气轮机

一个完整的燃气轮机系统主体由压气机、燃烧室和涡轮三大部件组成，再配以进气、排气、控制、传动和其他辅助系统。当燃气轮机机组起动成功后，燃气轮机就会开始进入稳定的热力学循环过程。压气机由进气系统连续不断地从外界大气中吸入空气并增压，这些被压气机多级增压后的空气，一方面氧气密度较高有利于组织燃料燃烧，另外一方面受到压气机做功，这个过程可以认为是压气机动能向空气热能和势能的转换，被压缩后的空气温度升高有利于与燃料进行更猛烈的化学反应（化学反应速度和程度与温度成正比），更大的膨胀比也有利于压缩空气燃烧后释放更大的能量。压缩空气从压气机出来后即进入燃烧室，首先会在燃烧室进口被喷入燃料进行掺混，然后就会点火燃烧。这个过程可以认为是燃料化学能向空气热能和势能的转换，在短短几十厘米的距离内，空气的温度上升数百甚至上千度，压力也会激增。高温高压的燃气从燃烧室出口喷出就开始膨胀，在膨胀的同时推动涡轮叶片做功。这个过程就是燃气热能和势能向动能的转化。涡轮将燃气的能量转化为动能后，一方面用于压气机压缩空气持续进行热力学循环，另外一方面通过主轴将转子的转矩输出，经过减速器减速以后用于推动军舰或发电。整个热力学循环完成使燃气轮机实现了燃料化学能向机械能转换的最终目的。

  燃机轮机的基本结构与航空发动机是相当类似的，主要的区别在于燃气轮机是将转子的转矩输出作为动力，而航空发动机依靠的是向后高速喷出的燃气。不过航空发动机里也有大涵道比涡扇发动机和涡桨发动机，这两种发动机与燃气轮机就愈加相近了。大涵道比涡扇发动机的风扇已经成为主要动力来源，燃气本身产生的推力只有10%左右，而涡桨发动机就已经基本上都是由发动机输出的转矩驱动螺旋桨产生推力了。根据航空发动机和燃气轮机的研制经验及其内在的技术相关性，现在的舰用燃气轮机基本上多是由航空发动机改进过来的，其研制的难点主要集中在核心机即燃气发生器上。

  燃气轮机结构剖视图如图1-3所示。

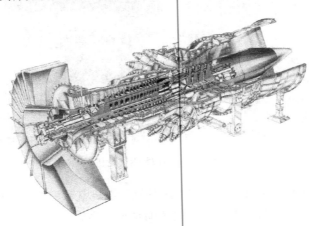

图1-3 燃气轮机结构剖视图

  不管是航空发动机还是燃气轮机，其本质上都是将燃料的化学能转化为燃气的热能和势能，再利用燃气冲击涡流和膨胀做功来最终将能量转变为飞机或者军舰的推力，所以，如何组织燃料燃烧和进行热力学循环就是核心机的难点。首先核心机需要将空气通过压气机压缩进燃烧室。为了高效迅速地将大量空气进行高强度压缩，压气机叶片需要复杂气动分析理论的突破、先进理论指导下的气动设计和能够将三维复杂气动设计加工成实际部件的先进工艺。由于核心机转子高速运转，每片压气机叶片都承受着数吨的离心力，这对于叶片本身的强度结构设计提出了极高的要求。为了减轻重量、提高效率，压气机叶片也经常做成空心的，这进一步提高了优秀压气机设计难度。空气通过压气机以后就会进入燃烧室。在燃烧室短短几十厘米的距离内，压缩空气与燃油充分混合燃烧，温度上升数百甚至上千度。燃烧室内燃料与空气如何掺混、掺混后油气混合物质的特殊气动特性、耐高温特殊合金材料和燃烧室复杂冷却技术都需要大量理论计算和工程实践。由于核心机极其精密，应用环境和工质中的细微杂质都会对其内部气动热力学过程造成影响，这对空气保障系统等辅机的设计也提出了高要求。

1.2　燃气轮机的应用

　　燃气轮机虽然在我国的发展较为滞后，但是在国际上已经形成了一个大的系列。燃气轮机依据功率可大致分为微型、小型、中型、大型 4 类：微型燃气轮机功率通常小于 1MW；小型燃气轮机功率通常在 1～20MW 范围内；中型燃气轮机功率通常在 20～50MW 范围内；大型燃气轮机功率通常在 50MW 以上。以上分类并不严格，比如按照使用场合，20～50MW 的燃气轮机在发电领域算中型燃气轮机，但是在舰船领域作为舰船动力却是大型燃气轮机了；在大型燃气轮机这一档，功率在 100MW 以上的燃气轮机通常又被称为重型燃气轮机；而微型燃气轮机有的分类方法只限定在 25～300kW。燃气轮机家族庞大，技术在持续发展，分类方法不一而足，既有技术同类性的考虑，也有行文立说的需要。

　　由于燃气轮机具有重量轻、体积小、装置效率高、污染少、起停灵活等优点，因而得到了大量的应用。

1. 燃气轮机的陆上应用

　　电力领域是燃气轮机的使用大户，在世界范围内，燃气—蒸汽轮机联合循环机组已成为电力结构中的重要组成部分，发挥着越来越重要的作用。高效大功率的燃气—蒸汽轮机联合循环机组可直接替代常规燃煤蒸汽轮机发电机组。由于燃气轮机具有排放污染小的优点，在经济发达地区或人口密集地等特定地区不宜再装燃煤机组，而主要以燃气轮机发电为主。由于燃气轮机起动快、快速反应性能好，在电网中可发挥调峰、调节或应急备用的作用；燃气轮机占地面积小，耗水少或不耗水，适合作为边远或沙漠地区的发电动力。此外，由于油气田可直接使用油、气为燃料，因此应用燃气轮机发电更为便捷。燃气轮机作为驱动动力还广泛应用于油气管线的压缩机驱动，如西气东输线路就应用了大量燃气轮机压缩机组；化工及冶炼工业需要供电、供热，又在生产过程中产生大量的中低热值的可燃气体，如果采用燃气轮机发电，可以合理利用资源，属于节能应用。

　　中小型燃气轮机还经常被用于分布式供电，可将中小型燃气轮机发电机组按需要安装在用户的一旁就近供电。与常规的集中供电电站相比，分布式供电具有以下优势：没有或很低的输配电损耗；无须建设配电站，可避免或延缓增加的输配电成本；适合多种热电比的变化，系统可根据热或电的需求进行调节从而增加年设备利用小时；土建和安装成本低；各电站相互独立，用户可自行控制，不会发生大规模供电事故，供电的可靠性高；可进行遥控和监测区域电力质量和性能；非常适合对乡村、油田、矿区、牧区、山区、发展中区域及商业区和居民区提供电力；大量减少了环保压力。分布式供电方式可以弥补大电网在安全稳定性方面的不足，在电网崩溃和意外灾害（例如地震、暴风雪、人为破坏、战争）情况下，可维持重要用户的供电。

2. 燃气轮机的海上应用

燃气轮机在海上油气平台大量应用，其利用海上油气平台生产过程中产生的油气燃料和伴生废气作为燃料，主要用于发电和压缩驱动。

燃气轮机作为舰船主动力已经成为世界上各国海军的重要发展趋势，与柴油机、蒸汽轮机等动力装置相比，燃气轮机具有以下技术特点和优势：体积小，结构紧凑；噪声低，运动平稳，振动小；有害气体排放少；单机功率大，功率重量比大，起动加速性好；润滑油消耗低，保养量小，管理人员少；可靠性高，可利用率高。

目前，燃气轮机以其突出的优点已成为现役水面战斗舰艇的主动力，也是综合电力推进动力装置的重要组成部分。燃气轮机有着广泛的适用性，小到快艇，大到轻型航母，从驱护舰等排水型舰船到气垫船等军用辅船，从柴燃、蒸燃、全燃联合动力装置到综合电力推进动力装置，燃气轮机都得到了广泛装船应用。

1947 年，英国皇家海军在 MG B2009 高速炮艇上采用"Gatyoliek"燃气轮机作为其动力装置，开创了燃气轮机作为舰船动力的先河。1958 年，"勇敢"级高速炮艇成功地采用了 3 台燃气轮机作为主推进动力，标志着燃气轮机作为舰船动力进入了实用阶段。英国在 1968 年就确定了全燃化的方针，研制了G6、Olympus TM 系列和 Tyne RM 系列等船用燃气轮机，从而有效地改善了军舰的性能。从 2000 年开始，英国的罗尔斯·罗伊斯公司和美国公司合作研制一款新型的船用燃气轮机 MT30。2005 年 9 月，第一批 2 台 MT30 型燃气轮机装备在洛克希德·马丁公司为美国海军建造的濒海战斗舰"自由"号上。MT30 燃气轮机也已经被选为美国海军 DDG-1000 朱姆沃尔特级驱逐舰和英国皇家海军新的伊丽莎白女王级航空母舰的推进动力。

苏联从 20 世纪 60 年代起也开始生产船用燃气轮机，例如 HK-144 和 M-2 等，并将其用作军舰的推进动力。第一代以 M3 为代表，1964 年，苏联首先在舰船上采用全燃联合动力装置（COGAG），装备全工况主燃气轮机机组 M3。随后 M8E 和 M8K 系列的燃气轮机被视为第二代产品，为卡辛级驱逐舰、卡拉级巡洋舰、无畏级驱逐舰、光荣级巡洋舰等苏联海军大型舰艇提供动力。1971—1985 年间，出现了第三代燃气轮机，如 M70、M75、M90 等。现今，原属苏联现在位于乌克兰的企业，除了对原有机型进行改进外，仅有一款新型船用燃气轮机 UTG25000。

由于美国航空工业发达，始终走航机舰改之路。20 世纪 60 年代中后期，FT12、LM1500 和 FT4 等机型相继研制成功，美国开始重视燃气轮机用于中型水面舰艇的问题。70 年代初，LM2500（功率 18000kW）成功装舰运行，标志着二代舰用燃气轮机进入实用阶段。美国海军从斯普鲁恩斯级驱逐舰开始采用全燃动力（DD963、FFG7、CG47、DDG51），踏上主要水面舰艇燃气轮机化的道路。经过近 40 年的发展，从 LM2500 到 LM2500＋，再到 LM2500＋G4，是航改燃机一个非常成功的系列发展案例，在技术和商业上都最具有代表性。由于该型燃气轮机性能优秀，所以，美国与其他海军大量采购 LM2500 燃气轮机作为作战舰艇的动力装置。国外典型船用燃气轮机如图 1-4 所示。

a) MT30　　　　　　　b) UTG25000　　　　　　c) LM2500

图 1-4　国外典型船用燃气轮机

据统计，到 2010 年，全球 56 个国家和地区共有超千艘军用船舶使用了 3000 余台燃气轮机作为动力。自 20 世纪 80 年代以来，燃气轮机也广泛用于高性能商用船舶，如豪华客轮、豪华游艇等。快艇和豪华游艇等民用船若采用小型燃气轮机作为动力，将具备快速起动和高速航行的能力，可以很好地提高乘客的满意度。

第2章

燃气轮机舰艇航行环境

燃气轮机舰艇在海上航行，绝大部分时间处在海洋大气环境中，在某些近岸海域会遇到沙尘暴之类的恶劣环境，在寒冷的冬天还会遇到冰雪天气状况。海洋大气环境的复杂性对燃气轮机的安全可靠运行将产生重要影响。

2.1　海洋大气环境

在海面上，由于风吹和海浪间的撞击产生许多泡沫。当这些泡沫破碎后，形成海水雾滴和气溶胶扩散到大气中，这样在海面上直接形成了一层充满盐分的边界层，如图 2-1 所示。这个边界层的高度和盐分浓度与其所

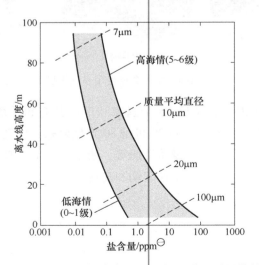

图 2-1　水面-空气接合面上面的盐雾边界层特性

⊖　质量分数，以百万分之一为单位。

在海域的海情有关。在高海情下，气溶胶中的颗粒较大，所占百分比大，盐分浓度也大。从图 2-1 看出，在同一高度上，空气中含盐量随海情的升高成对数函数增长。在同一海情下，含盐量随距离水面高度的降低也成对数函数增长。

泡沫破裂产生雾滴的过程如图 2-2 所示。

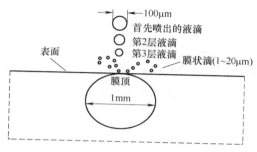

图 2-2 泡沫破裂产生雾滴的过程

即使在平静的海面上，也会不断地产生雾滴。喷出的雾滴大部分直径为 $1 \sim 30\mu m$，也有小于 $1\mu m$ 的，但因其所占的比例较小，可略去不计。喷出的雾滴一般又返回水中，当风速低时，其沉降率高。若空气相对湿度超出边界值而小于 80% 时，雾滴很快蒸发成微小的晶粒或成为盐的过饱和液滴。直径 $1 \sim 30\mu m$ 的液滴中将含有 $(0.01 \sim 5) \times 10^{-10} g$ 的盐。直径小于 $50\mu m$ 的雾滴的沉降速度决定于斯托克斯定律，即当 $d > 1.0\mu m$ 和 $Re < 1.0$ 时，则雾滴沉降速度 v_{TS} 可用式（2-1）表示：

$$v_{TS} = \frac{gd^2(\rho_P - \rho)}{18\eta}$$

(2-1)

式中　g——重力加速度（m/s^2）；

d——雾滴直径（m）；

ρ_P——雾滴的密度（kg/m^3）；

ρ——空气的密度（kg/m^3）；

η——空气的黏度 $[kg/(m \cdot s)$ 或 $Pa \cdot s]$。

从式（2-1）中看出，雾滴沉降速度随雾滴直径 d 的增加而迅速增加，同 d^2 成正比，与空气的黏度 η 成反比，而与空气的密度无关，因为雾滴密度约为空气密度的 800 倍，故可略去，其造成的误差仅有 0.1%。

若 ρ_P 为 $1000kg/m^3$ 的球形雾滴，在 20℃ 条件下，空气的黏度 $\eta = 1.81 \times 10^{-5} Pa \cdot s$，且 $11\mu m < d < 100\mu m$，则式（2-1）可简化为

$$v_{TS} = 3 \times 10^7 d^2$$

(2-2)

式中，v_{TS} 的单位是 m/s；d 的单位是 μm。

雷诺数 Re 这个无量纲量是理解气溶胶颗粒空气动力性质的一个关键。在这里它描述绕过气溶胶颗粒障碍物体的流体的流动。其可表示为

$$Re = \rho v d / \eta \tag{2-3}$$

式中 　ρ——空气密度（kg/m³）；

　　　　v——速度（m/s）；

　　　　d——特征长度（m）；

　　　　η——空气的黏度 [kg/(m·s) 或 Pa·s]。

当温度为 20℃时，把 $\rho = 1.20 \mathrm{kg/m^3}$ 和 $\eta = 1.81 \times 10^{-5} \mathrm{Pa \cdot s}$ 代入式（2-3）得

$$Re = 6.6 \times 10^4 v d \tag{2-4}$$

式中，v 的单位是 m/s；d 的单位是 m。

在此要特别指出的是，ρ 是空气的密度，而不是气溶胶颗粒的密度。

此时 $v = v_{TS}$，将式（2-2）代入式（2-4），得

$$Re = 1.98 \times 10^{12} \times d^3 \tag{2-5}$$

式中，d 的单位是 m。

在低风速情况下产生的雾滴直径通常不大于 30μm，其沉降速度不大于 0.027m/s，若风速的垂直分量大于此时的沉降速度，雾滴就可以从海平面向上移动并保持悬浮状态。

在风速的水平分量达到 6.705m/s 或更大时，开始形成白帽浪，此时将产生大雾滴，并有更多的雾滴做垂直方向的移动。雾滴的大小和分布与风速有关，一般认为可由风速来确定雾滴浓度和大小的分布。

国外从燃气轮机舰用化开始就逐渐以实验手段为主开展了海洋气溶胶以及进气过滤技术的研究。海水中的含盐量高，海面上方的空气中也相应地含有一定的盐分，舰船发动机直接吸入这些含有大量盐雾颗粒的空气将会造成发动机叶片的腐蚀。因此，国外在 20 世纪 70 年代就开始了对船用发动机进气口空气以及海面不同高度空气中含盐量的研究，这些研究多是通过设计特殊的实验装置进行现场测量，通过大量实验和优化，设计出各种等动力采样系统。如美国海军实验室（naval research laboratory）在 20 世纪 80 年代初研发了一套实船发动机进气等动力采样系统，并将其应用在斯普鲁恩斯型驱逐舰上（USS Spruance DD-963）。另外，英国近海国家实验室在 20 世纪 70 年代末研发了一系列机载等动力采样系统，对北海海平面不同高度大气中的含盐量展开了大量的实验研究。美国宾夕法尼亚大学以及美国宇航局（NASA）分别设计了一套可在高空采集亚微米颗粒的

等动力采样系统。这些系统用于舰载或者机载或者高空高速采样，其采样头和样品收集容器高度集成。

海洋环境下的盐雾气溶胶粒径分布和浓度因海域和海况的不同而不同，美国、英国和苏联对此都进行过专门的测试。表 2-1 所列是英国国家燃气轮机研究院制订的通用标准。它是根据大量的海盐气溶胶取样的平均值得出的。

表 2-1　不同风速下海洋环境中所含氯化钠等盐分的浓度通用标准

海况/级	4 ~ 5		6		7	
风级	5 ~ 6		7 ~ 8		8 ~ 9	
风速/（m/s）	10.3		15.45		20.6	
平均波高/m	1.52		4.26		8.52	
最高波高/m	3.04		8.52		17.66	
颗粒直径/μm　　浓度	空气中盐分的摩尔分数（ppm）[①]	含盐分的雾滴颗粒的质量占比（%）	空气中盐分的摩尔分数（ppm）[①]	含盐分的雾滴颗粒的质量占比（%）	空气中盐分的摩尔分数（ppm）[①]	含盐分的雾滴颗粒的质量占比（%）
<2	0.0038	1.4	0.0038	0.1	0.0038	0.007
2 ~ 4	0.0122	4.6	0.0212	0.6	0.0377	0.07
4 ~ 6	0.0286	10.9	0.1404	3.9	0.5585	1.1
6 ~ 8	0.0364	13.8	0.3060	8.5	1.9000	3.8
8 ~ 10	0.0364	13.8	0.4320	12.0	3.5000	7.0
10 ~ 13	0.0416	15.8	0.6480	18.0	8.0000	16.0
>13	0.1040	39.3	2.0486	56.9	36.0000	72.0
总计	0.2630	100	3.6000	100	50.0000	100

① 1ppm = $1/10^6$。

若考虑到船舶高速航行时与海浪相互作用激起的大量浪花、悬浮在空气中的海水小液滴以及雾化的盐雾气溶胶，进气系统进气口盐雾浓度可能更高。各型舰船面临的进气口盐雾浓度随舰船构造、航行速度、进气口高度和布置以及面临的海况息息相关。英国等欧洲海军发达国家把舰船进气口标准海况下含盐浓度定义为 3.6ppm，我国目前则参照 GJB 要求，把进气口标准海况下的含盐浓度定义为 4.2ppm[⊖]。

气溶胶一般定义为固相或液相颗粒在气体中的悬浮体系。气体通常是空

⊖　该浓度为实验室模拟大型舰船进气口含盐浓度的标准值，实际上是偏严苛的。

气，颗粒尺寸范围在 $0.001\mu m$ 到 $100\mu m$ 之间，通常指颗粒直径。

在盐雾气溶胶中的盐以结晶还是以饱和状态存在，取决于最初的相对湿度。开始时若盐是饱和雾滴，则在水-气边界上有较高的相对湿度。当相对湿度降低到45%或以下时，雾滴逐渐消失，形成结晶，有出现可溶性氯化镁和氯化钙的可能。相反，若盐形成结晶后，直到相对湿度增加到73%，结晶也不会溶化。只有在相对湿度达73%以上时，结晶才会潮解，逐渐变为饱和状态，如图2-3所示。外界或大气层相对湿度对海面盐雾气溶胶液滴的实际直径有影响。空气湿度的增加或降低，会使气溶胶液滴的直径随着凝结或蒸发水分的含量而变化。

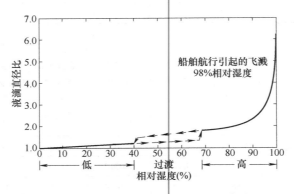

图2-3　液滴直径比与相对湿度的关系

从图2-3看出，当相对湿度从90%增加到100%时，盐雾液滴的直径增加得最快；当相对湿度下降到80%，部分液滴开始蒸发时，残余的气溶胶呈黏性；而下降到40%时，含盐液滴则变成干盐晶粒。在状态转变过程中，始终存在一个过渡区，也称为状态共存区。

在大洋上，自然力产生的气溶胶一般呈悬浮状态，经过相当长时间后，与相对湿度达到平衡。但这种平衡是暂时的，气候变化万千，所以海上气溶胶状态始终处于动态平衡状态。

以上所说的均未考虑舰船在航行中自身造成的行波和飞溅对海面上气溶胶的影响。因为船体和水波相互作用而产生的水雾会影响舰船舱面上的气溶胶的状态。

海洋上，相对湿度随距海面的高度升高而明显降低。通常在海面处的相对湿度约为98%；在距海面8m处的平均相对湿度为80%左右；在距海面30～45m处的相对湿度则为75%左右，这是干盐晶粒转变为饱和盐雾液滴的湿度值。一般来说，海面上的空气相对湿度很少低于45%。因此，海面上的空气中很少含干盐晶粒，实际调查数据表明盐雾倾向于"湿"。中东海湾地区是例外，其气温高、相对湿度低、陆地多沙漠。

由舰船航行导致的气溶胶和波浪作用产生的气溶胶不会同时达到平衡状态。舰船艏部效应所激起的海浪，其喷溅程度随舰船航速、吨位、航向、风浪走向和舰体型线而变，其所造成的气溶胶和雾滴在尺寸、重量和湿度上都超过稳态的自然气溶胶，它们发生在自然气溶胶边界层的下部，对发动机吸气有直接影响。因此，实际盐雾气溶胶相当复杂多变，以至于研究人员在海洋上取样时所测得的数据相差甚远。

2.2　海洋大气环境对燃气轮机的危害

人们已普遍认识到海洋大气中的盐雾对燃气轮机会带来一系列的问题。其中主要是压气机积盐和冷腐蚀以及热腐蚀——硫化腐蚀。压气机积盐影响发动机性能，腐蚀直接影响燃气轮机的寿命和可靠性。

2.2.1　压气机积盐

即使存在进气过滤，燃气轮机也会吸入一定比例的直径为 $5\mu m$ 左右的气溶胶大颗粒，而压气机叶片黏附能力正比于颗粒密度与颗粒平均半径的乘积，因此，压气机前几级叶片很容易积盐。由于气溶胶液滴的碰撞和扩散引起盐液滴表面积的增大以及随压气机中空气温度的升高而加速汽化，结果在通流部分的叶片和其他零件上会出现积盐，这将会导致叶片型面改变，降低压气机效率和通流能力，使性能恶化。压气机效率每降低 1%，装置效率将降低 3% 左右。严重的甚至会引起压气机喘振。如美国 JEFF（B）气垫船在海上试验运行仅 50min，其 TF40 型燃气轮机的压气机积盐就引起发动机喘振而不能工作。

当燃气轮机吸入直径大于 $10\mu m$ 的盐雾气溶胶颗粒时，将导致压气机叶片磨损，尤其是叶片较薄的前后缘磨损更加突出，同时压气机轴承也会磨损。

2.2.2　腐蚀

燃气轮机腐蚀分为冷腐蚀和热腐蚀。冷腐蚀指高温区以外的零件的腐蚀，热腐蚀主要指燃烧室和涡轮的零件的硫腐蚀。我们知道进气吸入的盐雾是含有多种盐类的强电解质，在其水分蒸发以前，只要有两种不同的金属联结在一起，或金属中含有杂质，甚至在同一合金的晶粒和晶界之间都会发生原电池性质的电化学腐蚀。早在 20 世纪 50 年代初就发现用镁合金材料制造的零件最易遭受腐蚀的破坏作用，在海洋大气中很快地受盐雾腐蚀，因此，船用燃气轮机用铝合金和钛合金材料来代替镁合金，目前部分也用不锈钢来代替。

1. 热腐蚀——硫化腐蚀

硫化腐蚀是一个很复杂的问题。但有一点是可以肯定的，即叶片材料上的金属盐沉积是发生腐蚀的必要条件，它直接影响发动机的寿命和可靠性。据美国军事运输船"卡拉汗"号上 LM2500 燃气轮机运行经验，盐分的吸入使 LM2500 燃气轮机热部件寿命从 10000h 减少到 3500h。四艘"欧罗莱因奈"级集装箱船的燃气轮机使用经验也表明：FT4A-1Z 型燃气轮机的燃气发生器翻修寿命从原来指标 6000h 降为 2500h 左右，11 次更换燃气发生器中有 7 次是因为硫化腐蚀的原因。

燃气轮机在海上工作吸入的空气中含有盐分，同时它燃烧具有较多硫分（最高可达 1%）的海军柴油。硫和盐的存在造成了高温零件的硫化腐蚀。硫化腐蚀产生的机理非常复杂，一般认为可以简单地用下列反应式来描述：

$$2NaCl + SO_2 + \frac{1}{2}O_2 + H_2O \longrightarrow Na_2SO_4 + 2HCl$$

$$2NaCl + SO_3 + H_2O \longrightarrow Na_2SO_4 + 2HCl$$

硫酸钠与金属表面的氧化层作用：

$$4Na_2SO_4 + 2Cr_2O_3 + O_2 \longrightarrow 4Na_2CrO_4 + 4SO_2$$

伴随氧化层散裂，Na_2SO_4 又进一步腐蚀暴露的表面，与 Cr、Ni 基体反应生成稳定的硫化物：

$$3Na_2SO_4 + 5Cr \longrightarrow Cr_2S_3 + 3Na_2CrO_4$$

$$Na_2SO_4 + \frac{9}{2}Ni \longrightarrow Na_2O + 3NiO + \frac{1}{2}Ni_3S_2$$

上述反应不断进行，基体合金不断被氧化，这就是所谓的硫化腐蚀问题。

2. 工作环境对硫化腐蚀的影响

影响硫化腐蚀的主要因素为盐分、含硫量和工作温度。

（1）盐分、含硫量对硫化腐蚀的影响　盐和硫是产生硫化腐蚀的必要成分，但在空气和燃油中的含盐量与燃油中的含硫量对硫化腐蚀的影响是不一样的，前者影响大，后者影响较小。

以尼莫尼克 90 合金为材料的涡轮第一级导叶为例，英国海军燃气轮机试验室对海神型燃气轮机进行了硫化腐蚀试验，试验结果见表 2-2。

表 2-2　燃气轮机硫化腐蚀试验

吸入空气含盐量/ppm	工作温度/℃	发生腐蚀时间/h
0.5	650 ~ 720	350
0.05	660 ~ 780	1000
0.005	780	>2400①

① 连续喷盐 1400h，2400h 后还未出现腐蚀。

由于腐蚀速度似乎是非线性的，我们不能认为含盐量为 0.5ppm 下 350h 后的腐蚀程度相当于含盐量 0.05ppm 下 3500h 后的腐蚀程度，因为前者是破坏性的，后者却是微不足道的。表 2-2 也表明腐蚀是非线性的。另外，实际上经气水分离器后进入的空气中，总盐量中的一部分盐粒沉积在进气道本身管壁及进气消声器的消声片上，还有相当部分盐粒沉积在压气机叶片上，只有极少部分盐粒能在燃烧室中与燃油中的硫发生反应。

美国海军工程实验室的研究报告指出，燃油中的含硫量从 0.04% 增加到 0.4% 的过程中，同样存在氯化钠的情况下，发现腐蚀没有明显的差别。也就是说燃油中的硫是促成腐蚀的因素，但其量的多少不是影响腐蚀严重性的原因。腐蚀的关键因素在于燃油中的硫与空气中的氯化钠的反应物的大小，并且破坏性腐蚀是反应物硫酸钠在叶片周围沉积的结果。上述试验结果说明，空气中盐分浓度对腐蚀有重要影响。

（2）工作温度对硫化腐蚀的影响　工作温度对硫化腐蚀的影响也相当复杂，它与合金材料的种类和燃料中含硫量有关。国外曾在 650 ~ 1210℃ 范围内，用两种不同含硫量的燃料进行了研究。研究表明，工作温度在 985℃ 以上时，没有发现硫酸钠的沉积物，在该温度下硫酸钠达到了汽化点，硫酸钠的加速氧化转为一般性氧化，所以不能造成零件严重腐蚀，但对某些超级合金来说，工作温度在 872℃ 以下时却增加了零件的腐蚀。这给解决船用燃气轮机的硫化腐蚀问题带来了困难。虽然腐蚀是金属盐沉积的结果，只要温度高到足以阻止这种沉积出现，就不会发生破坏性腐蚀。然而这又出现合金材料耐高温问题，即高温下材料的强度是否满足设计要求。另外，假如我们把涡轮第一级叶片设计的工作温度定为 1095℃，那么涡轮的后面几级叶片的工作温度正好在 842 ~ 985℃ 范围内，严重的腐蚀将转移到这个区域。

（3）对硫化腐蚀影响的其他因素　在对压气机进行带负荷清洗时，最容易将大量的盐从压气机带到发动机热端，引起硫化腐蚀。

燃油系统积炭引起的局部化学还原气氛是初始腐蚀的主要因素，因而要尽量避免有烟燃烧及燃烧室积炭。

硫化腐蚀与时间有密切关系。当合金在硫化环境中以低速腐蚀时，一旦氧化膜因慢慢地腐蚀而破裂，则硫化腐蚀会突然加快。

3. 提高抗硫化腐蚀能力的方法

（1）改变合金成分

铬是增加高温合金抗硫化腐蚀能力的最重要元素。随着合金材料中铬含量的增加，其抗硫化腐蚀能力增加，但铬含量超过 25% 时不再加强保护作用。在镍基合金中增加钴的成分有益于提高抗硫化腐蚀能力。另外加一些微量元素（如铝、钛等）也能提高抗硫化腐蚀能力。

（2）在高温零件上涂抗硫化腐蚀涂层

镍基合金常用铝-铬扩散涂层，钴基合金常用铝扩散涂层。这两种涂层有较长的抗硫化腐蚀寿命而不会脱落或腐蚀。如果零件表面的涂层不脱落，其具有很好抗硫化腐蚀性能，这时燃油含硫量、盐分和工作温度对高温零件热腐蚀不产生影响。如果涂层脱落或被燃烧过程所产生的炭粒冲击损坏，抗硫化腐蚀性能就只能依靠基体合金，因此，涂层脱落的地方经常出现腐蚀。

2.3 进气入口处的盐雾浓度

进气入口处的盐雾浓度和盐雾液滴分布取决于下列因素。

1. 海洋大气和海风状况

从表 2-1 上看到，盐雾气溶胶与风速有直接关系，风速大，引起风浪大，风浪之间撞击后产生比较大的液滴，由风直接吹起的却是直径微小的气溶胶雾滴。前者经过一段时间后很快沉降，只残留很小的气溶胶在空气中飘移，后者则沉降很慢。

2. 距海平面高度

在给定的风速下，不同海平面高度空气中含盐分含量被认为是呈抛物线型分布，其最大值产生在距海平面 $1.5 \sim 2m$ 处。而在 $4 \sim 5m$ 处，当风速为 $10 \sim 15m/s$ 时，盐雾浓度相比最大值降低了约 70%。如图 2-4 所示，这是符合实际情况的。

盐雾浓度可用洛弗特和伍德科克提出的近似公式计算：

$$\ln Q = 0.16u + K \tag{2-6}$$

式中　Q——盐雾浓度（$10^{-6}mg/m^3$）；

　　　u——风速（m/s）；

　　　K——常数。

常数 K，在洛弗特公式中为 1.45，在伍德科克公式中为 0.94。这个差别

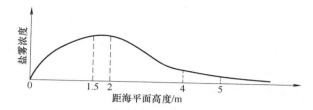

图 2-4　空气中含盐量随海平面高度变化

是由于他们在观测时距海平面的高度不同引起的，显然伍德科克观测时的高度较高。

按此公式计算出的盐雾浓度是理论上的，没有考虑实际的沉降因素，前面所述斯托克斯定律表明，沉降速度与雾滴直径的平方成正比。风速高，空气中含盐量多，大颗粒雾滴所占比例也高，沉降速度也快，所以在海面上盐雾浓度的实际测量值与计算值相差很大，而且与各个洋面都有关系。

英国早在 20 世纪 60 年代初就测得舰船周围大气中的盐雾浓度介于 $(0.01 \sim 12)$ ppm 之间。其颗粒尺寸大到肉眼能见的程度，小到直径小于 $1\mu m$。总盐量越少，大多数颗粒就越细微，正是这种细微的粒子最难以收集和测定。

美国"卅"级驱逐舰的燃气轮机进气口朝向舰艉，且上层建筑对其有较好的保护作用，而气垫船就没有这种条件。它们在海上测试结果见表 2-3。在这里要特别指出，SRN3 气垫船上测试的盐雾浓度是在编织滤网之后，此时盐雾浓度肯定小许多。经一系列试验结果表明：只要在发动机进气口装有编织滤网，在海上可能遭遇的最坏天气条件下，到达大型舰艇燃气轮机的盐雾浓度将不超过 0.05ppm。

表 2-3　海上大气盐雾浓度记录

舰　　名	舰上位置	天　　气	空气中的盐雾浓度（ppm）
"卅"级觉醒号	机舱进气口	风平浪静，航速 24km/h	0.01
	锅炉舱风机进气口	风平浪静，航速 24km/h	0.017
	机舱进气口	风平浪静，航速 48km/h	0.01，0.012，0.011
SRN3 气垫船	发动机舱编织滤网之后	在严重的喷溅状态滑跑航行	0.04
		排水航行	0.02

在 1966 年和 1967 年，美国等海军成立了联合采样试验组，在"鞑靼人"号和"佩德·斯克拉姆"号护卫舰上进行海上测量。试验期间在进气道及燃气轮机进口测得的盐雾浓度平均为 0.006ppm，最大为 0.022ppm，最小为 0.001ppm。这些结果是在从风平浪静直到大西洋风速为 80km/h 的恶劣海情下

长期测试获得的，几乎代表了在公海上所遇到的全部海情。

根据英国"海神"型燃气轮机陆上试验数据，可得出如下结论：燃气轮机吸入的海上空气中的平均含盐量为0.01ppm，而不是原先定的0.05ppm。

尽管英美海军进行了组合测试，但是所取的盐雾气溶胶标准仍有很大差别，从实际应用中已经证实它们各有特点。英国标准已在本国和欧洲各国海军中得到使用。空气中含盐气溶胶实验标准如图2-5所示，图2-5中数据与表2-1所列数据是一致的。

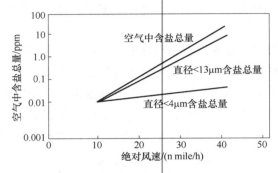

图2-5　空气中含盐气溶胶实验标准

美国海军的盐雾浓度标准是以许多舰只进行盐分调查为依据的，它反映了许多运行环境状况的影响。

两种标准相差很大，如风速在20.56m/s时，英国认为盐雾浓度为50ppm，而美国认为只有1.0ppm。这可能与研究取样时所站的高度、仪器所在的载体有关。美国在DD963级驱逐舰上测得的盐雾浓度平均值为0.04ppm（风速20.56m/s）、0.02ppm（风速15.42m/s）、0.0095ppm（风速10.28m/s）；在FFG-7级护卫舰上测得的盐雾浓度平均值为0.476ppm；在DDG-51级导弹驱逐舰上测得的盐雾浓度平均值为0.519ppm，最大值为3.086ppm。尽管这样，美国有的公司如帕曼蒂克公司按进口盐雾浓度为3.6ppm来设计过滤系统。这可能是为了出口欧洲。

关于对过滤后空气中盐雾浓度的要求，美国、英国也不一样，美国海军要求盐雾浓度为0.005ppm，而英国要求盐雾浓度为0.01ppm，前者比后者的要求高一个数量级，其过滤技术难度也增加一个数量级。俄罗斯要求的盐雾浓度为0.01ppm。实际上这个要求主要取决于燃气轮机的技术性能指标。如通用电气公司制造的重型燃气轮机和航空改装的LM2500燃气轮机的进气质量标准就有很大差异，见表2-4。这是因为LM2500燃气轮机是以压气机清洗间隔期内许可的污染量为准，而重型燃气轮机则以热部件腐蚀为依据。将允许含盐量与实际海洋大气中的含盐量进行对照，很明显，为保证进气质量，需要在燃气轮机进气口设置气水分离器。

表 2-4　进气质量标准

机　　型	允许平均含盐量/ppm	最大含盐量/ppm
重型燃气轮机	0.017	按条件计算
LM2500 燃气轮机	0.0015	0.01

特种船诸如气垫船等对进气质量有专门要求。如乌克兰专家提出，对气垫船采用气囊进气入口为 10.5～35ppm，对舱面进气入口为 175～350ppm，而出口要求为 0.03～0.07ppm。

美国 JEFF（B）气垫船在圣·安德鲁海湾和墨西哥湾附近进行试验，在进气口附近掩蔽位置测得的盐雾浓度最高为 130ppm，而平均值为 0.7ppm（注：不是真正的分离器进口），在分离器出口测得的盐雾浓度小于 0.005ppm。

苏联对海上水翼船主燃气轮机进气防护装置要求：燃气轮机在压气机两次预防性清洗间隔的工作时间为 15h，其中在水翼状态航行时进气入口盐雾浓度为 12ppm，运行 10h；在起飞和降速过渡状态航行时进气入口盐雾浓度为 100ppm，运行 2.5h；在排水状态航行时进气入口盐雾浓度为 4ppm，运行 2.5h。航行水域的含盐浓度为 2%，则进气入口空气平均含盐浓度为 24.66ppm，出口平均含盐浓度为 0.278ppm，此时分离效率约为 98.87%。

综上所述，要精确确定进气入口处的盐雾浓度是很困难的，因它涉及的环境因素和条件太复杂，所以，我们在设计时只能参考英国、美国和俄罗斯已经在实际中采用的一些标准和数据，再结合我们舰艇的实际情况，制订一个比较合理的要求，作为设计依据。

2.4　喷溅现象

舰艇在海上航行总会有行波和机动时飞溅，引起空气中含盐量增加，尤其在风浪中航行，舰艇强烈地横摇和纵摇时，进气口（若面向舷侧）虽未达到被海水浸没的程度，但波浪却直接飞溅到进气口上。英阿马岛战争中，英国 19 艘燃气轮机舰艇，除无畏级航空母舰外，均遇到这种情况，在过滤器外表面结了一层盐，加上在航行作战过程中难以在甲板进行日常维修而使问题严重。

为了详细地研究进气装置的喷溅，应对整个过程进行高速摄影，这有助于在船模试验时及时采取减少进气装置喷溅的措施。

在设计进气装置时，知道落入进气装置的水滴大小是很重要的。喷溅出来的水滴尺寸范围很广，占主要数量的水滴的尺寸与风力大小有关，但实际上很难确定哪个尺寸的水滴占主要数量。目前，以水滴在气流中的稳定性原理为基础确定水滴尺寸比较合理。水滴速度与气流速度是不同的，在气动阻力作用下，水滴在气流中发生分裂。对应于每一气流速度 w，水滴有某个不再继续分裂的稳定尺寸。气流速度再增加时，有些这种尺寸的水滴又开始分裂，而在达到临界速度 w_{KP} 时，所有这种尺寸的水滴全分裂了。因此，速度范围 $w \sim w_{KP}$ 是水滴不稳定状态区。

沃伦斯基推导出水滴在气流中的分裂准则为水滴变形所消耗的能量与表面张力系数之比：

$$D = \frac{\rho w_{KP}^2 d}{\sigma} \tag{2-7}$$

式中　ρ——空气密度（kg/m^3）；

　　w_{KP}——稳定性上下限的临界速度（m/s）；

　　　d——水滴的初始直径（m）；

　　σ——空气中液体的表面张力系数（N/m），水的 $\sigma = 0.073N/m$（$20℃$）。

试验确定出稳定的上限为 $D = 14$，下限为 $D = 10.7$。上述研究是在雷诺数 $Re_{KP} = w_{KP}d/\nu$ 在 1700 ~ 8500 范围内进行的。这时的球体的迎面阻力不变，$C_X = 0.4$。

水滴直径与气流速度的关系曲线示于图 2-6。

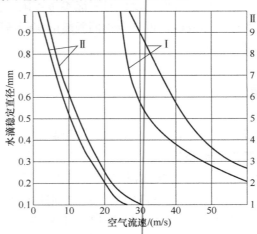

图 2-6　水滴稳定直径与空气流速的关系曲线

Ⅰ中两条曲线为水滴直径 0.1~0.9mm 的水滴在不同空气流速下的稳性的上下限，Ⅱ中两条曲线为水滴直径 1~9mm 的水滴在不同空气流速下的稳性的上下限，在上下限之间是水滴的不稳定状态区。若进气装置中气流速度为 20m/s，则所有直径大于 2.4mm 的水滴都将分裂，而小于 1.9mm 的水滴则将保持自己的尺寸。水滴在气流中分裂时形成各种尺寸的小水滴，可能含有直到几微米大小的水滴。表示水分（滴）粉碎度，可采用水滴的平均静态直径（即所谓的平均释放直径），计算水滴的平均释放直径可用贯山-店泽公式：

$$10^4 d_o = 5.85 \frac{10^4}{w - w_水} \left(\frac{\sigma}{\rho_水} \right)^{0.5} + 5.97 \left(\frac{\mu_水}{\sqrt{\sigma \cdot \rho_水}} \right)^{0.45} \left(\frac{1000 Q_水}{Q_B} \right)^{1.5} \quad (2\text{-}8)$$

式中 d_o——水滴的平均释放直径（mm），$d_o = \sum n d^3 / n d^2$；

w——空气速度（m/s）；

$w_水$——液体速度（m/s）；

σ——液体的表面张力（dyn/cm）；

$\rho_水$——液体密度（g/cm^3）；

$\mu_水$——液体黏度（P）；

$Q_水$——液体流量（cm^3/s）；

Q_B——空气流量（cm^3/s）。

对于涉及进气装置喷溅的计算，该公式的最后一项中不用空气和水的流量，而用空气的含水量比较方便。假设进入进气装置的空气含水量为每千克空气含 y 千克液体，则上述公式可写成：

$$d_o = \frac{5.85}{w - w_水} \left(\frac{\sigma}{\rho_水} \right)^{0.5} + 5.97 \times 10^{-4} \left(\frac{\mu_水}{\sqrt{\sigma \cdot \rho_水}} \right)^{0.45} \left(1000 \frac{y}{1 - y \rho_水} \rho_B \right)^{1.5} \quad (2\text{-}9)$$

式中 ρ_B——空气密度（g/cm^3）。

应当指出，由于天气条件的影响，占主要数量的水滴尺寸可能偏往这一端或那一端。但有一点是毫无疑问的：在任何条件下，按图 2-6 所确定的直径的数值是进气装置中水滴尺寸的上限。

第**3**章

燃气轮机进气系统发展

我国第一艘装备燃气轮机动力的气垫登陆艇于 1989 年服役，成为我海军发展史上的一个重要里程碑。后来又在一些中大型军舰，如驱逐舰上，装备了多种不同型号的燃气轮机动力，为海军的现代化建设奠定了牢固基础。其中某驱逐舰上安装的美国 LM2500 燃气轮机（见图 3-1），是大型舰用燃气轮机首次在我国驱逐舰上应用。该型舰燃气轮机动力系统全部为从美国引进（包括燃气轮机进排气系统）。虽然只引进了 4 套，但为我国舰船燃气轮机动力系统的国产化奠定了基础，同时积累了应用经验。

图 3-1　我国某驱逐舰首次应用美国 LM2500 燃气轮机

QC280 型燃气轮机是我国引进乌克兰的技术生产的，最先安装在某驱逐舰上试用，随后推广应用到其他驱逐舰和目前最新型的电力推进舰船上。经过多年发展，该型燃气轮机基本实现了国产化，这对于提高我国的综合国力具有积极推动作用。

燃气轮机空气保障系统就是以进气过滤系统为主的具有保障燃气轮机吸进空气的洁净度及温湿度、降低进气噪声、防止进气堵塞、防结冰等一系列功能的进气系统的总称，其中进气过滤系统是核心。

舰用燃气轮机进气系统是燃气轮机装舰应用必不可少的重要组成部分。根据不同舰船的应用需求，进气系统组成千差万别，典型的进气系统如图 3-2 所示。可见，进气系统技术不但要解决进气滤清、消声等问题，还有考虑防进气结冰、进气应急旁通、箱装体或罩壳冷却、进气监控等一些其他问题的解决方案。

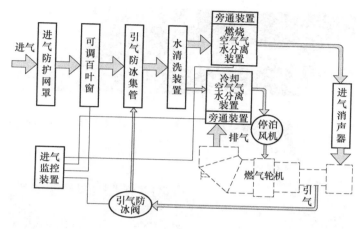

图 3-2　进气系统原理图

燃气轮机进气系统是影响燃气轮机的功率、寿命、经济性和舰船的声防护、隐身性以及舰船平台设计的重要因素。燃气轮机的船用化历程证明，如果没有进气系统提供的进气滤清、应急旁通和防冰等防护，将无法保证燃气轮机的安全可靠运行和使用寿命；如果进气系统设计不合理，不仅使燃气轮机尺寸和重量大，而且会降低燃气轮机的输出功率和增加油耗，将使得燃气轮机与其他动力装置相比体积小、单机功率大的优势难以发挥，甚至装舰困难；如果没有进排气系统采取的声防护、综合隐身等措施，舰艇的性能将大大降低，在当今的高技术战争中将无法生存。因此，燃气轮机进气系统技术是一项关键的燃气轮机装舰技术，是舰用燃气轮机发展中的一项重要研究内容。由于燃气轮机进排气系统的诸多特殊性对燃气轮机影响很大，因而受到广泛重视，并被作为独立的专业领域来研究。

3.1　舰船燃气轮机进气系统发展情况

盐雾腐蚀是从 20 世纪 40 年代燃气轮机开始船用时出现的最严重的问题，比经济性差和使用寿命短等缺点更严重。无论是航空改型的还是专门制造的船用燃气轮机，从天上、陆地到海上，燃气轮机使用的环境发生改变。有的船用燃气轮机只运行几十个小时就因为盐雾腐蚀效率急剧下降，发生喘振。盐雾对压气机、燃烧室、涡轮等冷热端部件腐蚀严重时将使叶片断裂、发动机损毁。目前，为提高经济性，燃气轮机的精密程度和燃气温度大大提高，进气盐雾腐蚀的影响越来越突出（见图3-3）。

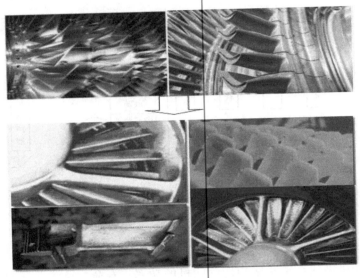

图3-3　燃气轮机叶片结垢和腐蚀

燃气轮机进气流量大，在同等功率下是蒸汽轮机、柴油机的3～4倍，造成进气系统的体积和重量远大于蒸汽轮机和柴油机，成为舰船的一个显著特征，对舰船设计特别是上层建筑的设计影响极大，对舰船的结构、强度、武器系统的布置有非常大的影响。

作为保障燃气轮机进气空气品质，满足燃气轮机大流量进气要求的重要系统，进气系统的设计非常关键，其设计的优劣直接影响舰用燃气轮机的工作效能。一方面燃气轮机对进气空气的流量要求很大以及其对压力损失很敏感，另一方面进气系统在舰上布置相对困难（尺寸大、重量重，设备众多）。设计和布置不好进气系统会使燃气轮机功率显著下降和经济性变差，并将使燃气轮机流通部分的污染显著加剧。因此，在设计进气系统时必须考虑如下要求：

1）进气总压损失最小。

2）尽可能保证压气机进口流场或流速分布均匀。

3）防止海水浸入，尽可能降低进气空气中的盐分。

4）降低压气机通过进气道传到甲板舱面的高频噪声。

5）防止油烟气、灰尘和其他杂质进入流通部分。

6）严寒天气下防止进气结冰。

7）经过进气通道可更换燃气发生器和动力涡轮。

8）具有良好的疏水系统。

因此，一个良好的进气系统，具体来说就是要有一个完善的进气装置，它既要能除水除盐，又能满足压力损失最小，同时又要保证压气机进口气体流速稳定、均匀和降低进气口噪声，要满足这些要求仅靠进气口布置来除水除盐是远远不够的。鉴于各种舰船动力装置的布置特点，进气装置的形式是各种各样的，有简有繁，图 3-4 所示为一种典型完整的进气系统布置图。它含有进气防护网罩、进气百叶窗、防冰装置、清洗装置、固定式气水分离器、开启式气水分离器、进气稳压室、进气消声器、进气管道以及检测控制装置等。根据舰船及燃气轮机具体要求可选择其中必要的设备。

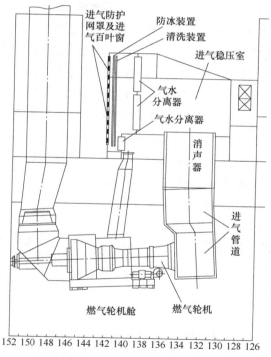

图 3-4　典型进气系统布置

燃气轮机进气系统技术是燃气轮机装舰的一项关键技术，根据舰艇多样化的应用需求，国外进气系统设计已实现集成化、模块化和预测设计，并随着新型舰船平台设计的发展，日益向高性能、小型化和适应于舰体隐身化设计的方向发展。对燃气轮机进气系统技术开展全面、深入的研究具有极其重要的理论意义和实用价值。

因为进气系统对燃气轮机装舰的重要性，英国、美国及苏联等都对此进行了专门的、系统的研究。从 20 世纪 40 年代第一代船用燃气轮机装船开始，到六七十年代燃气轮机在英国、美国、苏联等发达国家批量装舰，再到现在和未来随着新军事变革带来的舰船作战方式、装备技术的发展变化而产生的新的装舰要求，进气系统技术从最初的保证燃气轮机装船，到满足各型舰艇的应用需求，再到适应新的装备技术发展要求而不断发展，相应技术和产品不断推陈出新、更新换代。舰用燃气轮机进气系统技术在发达国家已从燃气轮机实验装舰开始时的研究难题，发展为一项各型以燃气轮机为动力的舰船所必备的、适应各型舰船燃气轮机进排气要求的、成熟的工程应用技术。

在 20 世纪第二次世界大战结束后的六七十年内，国外进气系统技术从无到有，随着燃气轮机的发展取得了长足的进步，而且从 20 世纪末到 21 世纪初的二三十年间发展越来越快。国外的进气系统技术发展基本可划分为三个阶段：从 20 世纪四五十年代英国海军最先选定燃气轮机作为舰船主动力，第一代的进气装置首先应用于先锋级、勇敢级等快艇上的 G2、海神等型的燃气轮机上，该时期的进气装置较为简单，一般只包括有百叶窗、惯性级。该种装置对海洋中气溶胶颗粒的分离效果较差，气动阻力大，很容易使发动机产生高温腐蚀。20 世纪六七十年代随着燃气轮机的发展，英美逐渐出现了一批燃气轮机进气装置的专业研究单位，如英国的罗尔斯·罗伊斯公司（Rolls & Royce）、英国国家燃气轮机研究院（NGTE）及阿尔泰过滤器公司（Altair），典型产品为阿尔泰过滤器公司制造的三级过滤分离装置，其经过该公司专业实验室台架测试及英国国家燃气轮机研究院台架测量后，广泛应用于英国的 21 型护卫舰、42 型驱逐舰，而且被 12 个国家的海军采用。该产品重量轻，结构紧凑，安装方便并且便于清洗，压力损失不大于 1000Pa，出口含盐量不超过 0.01ppm。同时期美国海军船舶工程中心（NAVSEC）也对燃气轮机进气装置做了大规模的系统性研究，特别是该中心计划实施了"燃气轮机进气口研制计划"，其具体工作计划见表 3-1。

表 3-1 20 世纪 60 年代燃气轮机进气口研制计划（美国）

序 号	参 加 单 位	工作任务说明
1	华盛顿大学	测试设备的研制
2	海军研究实验室（NRL8320）	海洋环境大气研究，空气含盐量测量方法的研究，完成海上实验
3	海军空气推进测试中心（NAPTVC）	气水分离装置鉴定实验

（续）

序　　号	参 加 单 位	工作任务说明
4	戴维·W. 泰勒海军研究与发展中心	各型舰船的风洞研究，确定最佳的进气位置
5	国内各大学	空气动力学研究
6	海军研究实验室（NRL）	过滤器部件的研制
7	美国海军船舶工程中心（NAVSEC）	计划管理，出版设计手册

以上的计划可见其研究是全面系统的。在此计划的指导下，美国 TDC、Donaldson 公司、AAF 公司、PARMATIC 公司等专业制造公司研制出一系列产品并大量装舰使用，而且对其不断进行完善。典型产品是 PARMATIC 公司生产的 PSI-1050 型气水分离器和 Donaldson 公司的两级自动水清洗分离器，两者均具备滤清、除沙、应急旁通、引气防冰、水清洗、状态监控、进气消声等功能，其系列化产品应用于美国海军阿里·伯克、提康德罗加和斯普鲁恩斯级舰的主动力装置 LM2500 燃气轮机及辅动力装置艾利逊 501K 燃气轮机，有效保障了燃气轮机安全、经济运行，同时该系统还大量装备于北约等国的新型舰船上。并且在 20 世纪 60 年代美国军事委员会制定了高效过滤检测标准 MIL-STD-282，此标准沿用至今，没有大的更改。随着燃气轮机过滤理论研究、过滤材料和舰船设计的发展，进气系统的性能日益提高。20 世纪 90 年代美国 DDG51 级驱逐舰交付使用，该级驱逐舰采用美国 Peerless 公司研制的代表世界先进水平的舰用燃气轮机进气系统，该系统具有高滤清性能、低阻力、小型化、隐身化、智能化的特点，有效保障了 LM2500 燃气轮机安全、经济运行。同期的典型产品还有阿尔泰过滤器公司研制的 Neptune、Aquila 过滤系统，采用惯性分离与高效过滤的联合配置，应用于北约各国及日本、韩国等国海军各型舰船的 GE 公司生产的 LM2500 燃气轮机上，性能和可靠性极佳。

随着计算机硬件及软件技术在最近 20 年的快速发展，国外主要国家在进气系统研究方面又重点发展了数值仿真和预测设计技术，通过各种商业计算软件以及专门开发的进气系统设计软件，建立高精度的进气系统多学科计算模型，实现了对进气系统的预测设计，大大减少了实验工作量，在舰用燃气轮机进气系统技术方面形成了具有工程应用指导意义的设计准则和预测设计能力，装备和技术呈现系统集成化、多样化、小型化和隐身化的特点。

3.1.1 进气口布置

进排气系统的设计是在解决了主动力布置问题后进行的，因为进排气系统的布置基本上是由发动机装置的布置来决定，所以在进行发动机布置时，就必须考虑对发动机进排气系统的各种要求，首先要注意发动机通流部分的防污染问题。

进气口应布置在舰上最不易进水的部分，以防溅进海水，同时应完全避免吸入主机或其他发动机的排烟以及全舰通风系统排出的脏空气。故进气口布置应考虑入口高度、方位和安装地点三要素，图 3-4 为典型进气系统舰上布置示意图。

1. 入口高度

盐雾边界层随着入口高度的增加而其密度和颗粒的大小分布下降。美国海军研究所在几个型号舰艇上做了大量盐雾含量的测量，如 PTF25 巡逻艇上测量的数据表明，在高出水面 3～6m 的入口的盐雾浓度，以盐颗粒质量平均直径为 15μm 衡量时为 0.5～50ppm；在 FFG13 导弹护卫舰上测量的数据表明，在百叶窗高出水面 6～15m 时，百叶窗底部和顶部的盐雾浓度，以盐颗粒质量平均直径为 12μm 衡量时为 0.056～0.07ppm。由此推断较大海浪条件时，确定典型入口处的盐雾浓度为 0.1～0.5ppm。

在 DD963 驱逐舰和卡拉汉号军事运输船上测量的数据表明：高出水面 15.2m 和 27.5m 入口的盐雾浓度，以盐颗粒质量平均直径 7μm 衡量时，分别为 0.1ppm 和 0.01ppm 左右。

测量数据表明，海面上空气中悬浮盐雾的浓度和盐颗粒尺寸随高度而变，一般随高度增加而减小，因此，在设计和布置进排气系统时应尽可能地提高进气入口距水面高度以减少入口盐雾负荷，同时确定入口高度还必须与其他设计特性相匹配，诸如总的空间布局、舰体平台的构造、一些关键设备和系统的安装要求等。

2. 入口方位

选定了入口高度，就应当确定入口面向的方位。从调查中得出的数据表明，当入口高度≥15m 时，入口方位对入口盐雾浓度的影响不大，颗粒质量平均直径在迎风面比背风面稍微大些。但是在入口高度<15m 时，入口方位对入口盐雾浓度有较大影响。在一条装有燃气轮机的 20m 长的艇上（该艇分别有舷侧和后向进气口）取得的调查数据表明，在大风浪时入口盐雾浓度以颗粒质量平均直径为 10μm 衡量时达到 0.05～0.3ppm。在 FFG13 号舰上，入口面

向舷侧，在大风浪时入口盐雾浓度以颗粒质量平均直径为 $12\mu m$ 衡量时为 $0.1 \sim 0.5 ppm$。另外，在海洋调查船海斯号和美国梅雷迪思号船上获得的数据表明，迎风面入口会有较高的入口盐雾浓度和较大的颗粒质量平均直径。由此可见，在入口高度 $<15m$ 时，入口面向的方位对入口盐雾浓度有明显影响。当舰艇航速为 $80n\,mile/h$，进气口逆风与顺风相比，进气压力损失将增加 $1290Pa$，此时进气口朝前是合理的。

同时入口方位对进气系统阻力的影响较大，如果进气口朝向舰艏，当舰艇高速航行时，有一定的动压力，可按下式计算动压 Δp：

$$\Delta p = \frac{1}{2}\rho v^2 \tag{3-1}$$

式中　ρ——空气密度（kg/m^3）；

　　　v——空气流速（m/s）。

在舰船模型风洞试验期间发现，当主风从舰艇侧吹向舰体时，通过舰体结构的空气在舰的背风侧形成了背风涡流，如图 3-5 所示。在这种涡流的影响下，从图 3-5 可以看出，通过舰体的风折入海面，又从海面反旋回舰的背风侧。在此过程中，泡沫和浪花中的盐分被卷入空气中并被夹带到舰上。

从舰船模型背风侧所测得的入口盐雾浓度比迎风侧的高 2.5 倍。为减少背风侧涡流的影响，要求进气入口位置离开舰舷一定距离，或者用无孔的平板安装在入口的外侧。调查数据表明，如进气入口离舰舷的距离等于入口高度的 2 倍时，则可使进气入口免遭背风侧涡流的影响。

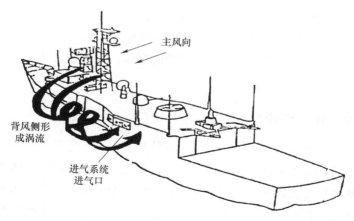

图 3-5　舰船在背风侧形成涡流

因此，各型舰船进气系统进气口的入口方位需根据舰船总体布置、发动机的布置形式及发动机进气流量的具体要求而定，可采用舷侧进气、后向进气和舷侧与后向同时进气三种方案。

3. 进气口入口方位对舰船的影响

（1）舷侧进气

1）舷侧进气较后向进气环境条件恶劣得多。舰船在风浪中高速航行，舰艏与海浪拍击产生的浪花，正好从舷侧飞溅上来，因此，进气系统进气口处遭受海浪拍击的概率就更大，进气状态较差。

2）舷侧进气部分易受敌攻击而损坏，一旦损坏，海水将直接进入进气道被吸入燃气轮机通流部分而导致其损坏，进而降低舰船的生存能力。

3）舷侧进气口附近要保障进气畅通，这会影响舰上舷侧设备的布置。

4）进气流场较不均匀，增加了气动设计的难度。

（2）后向进气

1）进气口布置在舰上最不易进水的艏部上层建筑部位，可有效防止溅进海水。

2）进气口方向朝后，有利于改善进气条件。

3）进气口离烟囱口相对低，能完全避免吸入发动机的排气。

4）进气流场相对均匀。

（3）舷侧和后向同时进气

1）舷侧和后向同时进气可能互相有影响，因为既要保证进气道内气流均匀，又要满足发动机进气要求，将极大地增加气动设计的难度。

2）进气系统设备增加，在舰上布置相对复杂。

三种进气方式各有优点和不足，需根据舰船总体设计要求、发动机在舰船上的具体布置形式以及发动机对进气流量的要求，选择和设计满足舰船要求的进气形式。

3. 1. 2　进气装置的组成

光靠进气口布置来除水除盐是达不到使用要求的，还必须有一个完善的进气装置，它既能除水除盐，又能满足压力损失最小，保障压气机进气口气体流速稳定、均匀和降低进气口噪声。鉴于各种舰艇及其动力装置的布置特点，进气装置的形式是各种各样的，有简有繁，图3-6所示为一种典型完整的进气装置示意图。它含有进气口防护网罩、百叶窗、防冰集管、清洗集管、固定式气水分离器、开启式气水分离器、进气消声器、管道、弯道导流叶栅以及监测和控制系统等。根据舰艇及燃气轮机具体要求可选择其中必要的设备，裁去不必要的设备和系统。

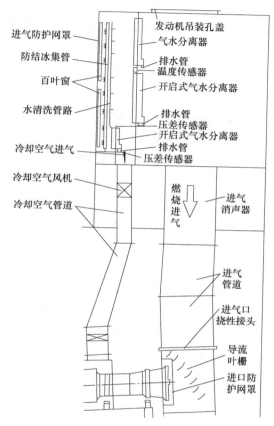

图 3-6　典型完整的进气装置示意图

下面简要介绍各组成部件和设备的功能作用：

1）进气口防护网罩。为防止将外物和人员吸入进气装置，在进气口设有防护网，网眼尺寸通常为 25mm × 25mm，用直径约为 2.5mm 的不锈钢丝编织而成，铺在不锈钢框架上。要注意防护网在气流长期作用下会向气流方向凹进去，可采用支撑加强筋防止其变形。

2）百叶窗。百叶窗应安装在露天空气入口，以减少大量的水进入空气入口到最低程度。百叶窗结构可分为固定式和转动式。百叶窗叶片可横向排列和垂向排列。固定式百叶窗的叶片一般按一定的倾斜角度布置（如 45° 倾角），它能使浪花的水流出（横向布置）。转动式百叶窗在发动机不工作时可以关闭，以免外物侵入，在机舱发生火灾时可以关闭百叶窗，断绝空气的进入。但是要注意在发动机运行时千万不能发生百叶窗关闭的事故，否则将会造成重大事故，使发动机损坏。

3）气水分离器。气水分离器是进气装置中最关键的核心设备，也是国内外重点研制的技术。经过几十年的研制，目前已形成几种比较完善、性能比较好的气水分离器，其主要功能是除水除盐。对于独特的运行环境诸如长期在波斯湾使用，则需要沙尘分离器，所以，分离器应按照使用者的要求设计。

为了对付应急状况，可设立应急门，以防止气水分离器堵塞而引起发动机损坏。应急门也可与部分气水分离器合二为一，这样既能正常分离空气中的水和盐分，在压差超过设定值时，应急门也能自动打开，让一部分空气直接进入发动机。

由于冷却空气入口应当与燃烧空气入口布置在一起，发动机需要的冷却空气可以取自气水分离器后的空气，或者为冷却空气设立单独的气水分离器，这通常由冷却空气的分离盐分要求和许容压力损失所决定。

4）防冰装置。为了防止进气管道内结冰，可以从燃气轮机压气机引出热空气或依靠电加热来防止结冰。引出的热空气与进气气流混合后有效地改变了气流的湿度和温度，使气流的相对湿度降至70%以下，难以结冰。有的在百叶窗叶片上用电加热丝加热进气气流，防止进气口结冰堵塞。如果采用转动式百叶窗，其上下端的轴承和驱动电动机均需电加热，应急自动门环形密封垫也需电加热，甚至进气装置的压差传感器探测孔口也需要加热，以防止结冰造成转不动，打不开，孔堵塞。选用引气防冰方案，则引气管道系统最好安装在气水分离器之前，有利于其兼作紧急旁通空气的"自动门"的工作。

5）清洗装置。在舰艇航行相当一段时间后，在进气装置中特别是气水分离器上会积累许多结晶盐和其他污垢，使气流流动不通畅，因此要对气水分离器进行定期清洗，使其压降和分离效率恢复到原来设计的性能。在小艇上可以把气水分离器的过滤网垫取下清洗，在大舰上设有专门的清洗管系和清洗喷嘴等，清洗时不用取下网垫，通常在发动机停车时喷洗。在污染严重的情况下，应该把网垫取下放在专门溶液中浸洗。

6）进气消声装置。进气消声装置的作用主要是降低从燃气轮机压气机传出的高频噪声，以利于舱面人员操作活动。通常选用片式消声器，也有的采用圆筒形消声器。

7）管道过渡段。从消声器出口到进气道底部统称为过渡段。在大舰上过渡段设计成内壁是穿孔的薄钢板，其间填充吸声材料，外壁是实心的薄钢板。

8）转弯导流叶栅。为了让空气气流均匀地进入发动机，在 90°转弯处设有一排导流叶栅。这种方法一般在小艇上使用，也是英国海军在大型舰上常采用的一种措施。

3.2 舰船燃气轮机进气装置实例

（1）美国 PGM84 级炮艇

美国于 1966 年在 240t 的 PGM 级炮艇上安装了一台 LM1500 燃气轮机，其进气装置进气口朝向艇艉，在进气口安装惯性式气水分离器，气流转 90°后垂直向下至主甲板下，再转 90°经防护网进入进气室，气流经多次转弯得到了净化。PGM 级炮艇 LM1500 燃气轮机进排气系统如图 3-7 所示。

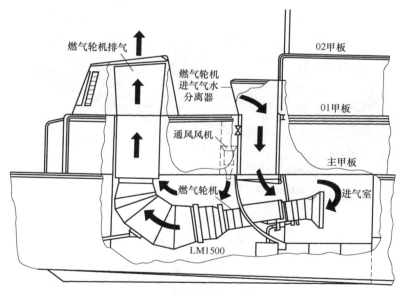

图 3-7 PGM 级炮艇 LM1500 燃气轮机进排气系统

（2）日本隼级导弹艇

日本于 2002 年建成一型隼级导弹艇，如图 3-8 所示。该艇的排水量为 200t，装 3 台 LM500-G07 型燃气轮机，每台功率为 4400kW，采用喷水推进，因此 3 台燃气轮机安装在艇的后部，进气口朝向艇尾。为了防止烟囱排出的热燃气影响烟囱后部进气口的进气效率，烟囱顶部后端比前端略高，且在两侧增加了辅助进气栅，以冷却排气管道。

（3）英国 SRN5 气垫船

英国于 1964 年建成一艘 SRN5 型气垫船，排水量只有 6.8t，装一台诺姆型燃气轮机，功率为 770kW，推进和升力共用一台发动机。其吸入的空气采用三级分离，如图 3-9 所示。气垫船的升力风扇是清除空气中大粒水滴的第一级分离器；第二级分离器由聚丙烯丝或金属丝编织的滤网垫组成，由英国"尼特米丝"公司生产；第三级分离器为管状（漩涡）分离器，通过该级分离器的气流在离

图 3-8　航行中的隼级导弹艇

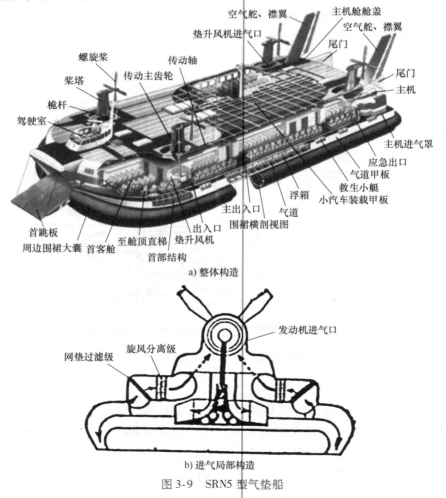

a) 整体构造

b) 进气局部构造

图 3-9　SRN5 型气垫船

心力作用下扭转，固体颗料被抛出，可保证气垫船在码头运行时有效地清除空气中的砂粒和灰尘。

（4）美国佩里号护卫舰

美国于 1977 年建成 3500t 的 FFG7 级佩里号护卫舰。舰上安装 2 台 LM2500 燃气轮机，其进气系统如图 3-10 所示。进气口面向舷外侧，进气百叶窗下端距水线约 7.5m，上端距水线约 10m。百叶窗叶片垂直布置，向后成 45° 角，可去除浪花和大水滴。气水分离器采用编织滤网型，所以 FFG7 级佩里号护卫舰采用百叶窗和编织滤网垫两级分离装置。该舰还设有应急进气旁通门和防冰引气总管。

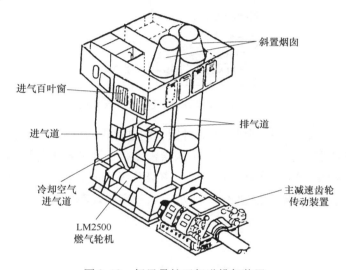

图 3-10　佩里号护卫舰进排气装置

（5）美国 DD963 级驱逐舰

美国于 1975 年建成 7800t 的 DD963 级驱逐舰，舰上装有 4 台 LM2500 燃气轮机主机和 3 台 501- KIT 燃气轮机发动机组。其主机的进气系统如图 3-11 所示。

DD963 级驱逐舰的进气系统包括进气百叶窗、气水分离器、应急门、冷却空气管道、冷却风扇、冷却空气消声器和燃烧空气消声器。

按 7 台燃气轮机所在位置，4 台燃气轮机主机设有前、后两个进气装置，3 台发电用燃气轮机有 3 个独立的进气装置分散布置，除后电站燃气轮机进气装置在舰艉部外，其他两台发电用燃气轮机的进气装置布置在前、后进气装置旁边。经海上测试发现，DD963 级驱逐舰使用的分离器的除水效率随发动机工况变化而变化，为 70% ~ 99.8%。在发动机额定转速下，分离器的除水效率为 99% ~ 99.8%。在侧风情况下，有背风涡流将小液滴（盐微粒）夹带向上进入百叶窗

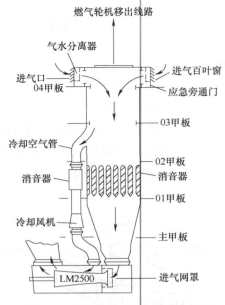

图 3-11　LM2500 燃气轮机进气系统

的现象。在下雪期间，接通设置在百叶窗上的电丝式加热器能达到除冰的目的。

　　DD963 级驱逐舰的进气系统由美国哈密尔顿标准公司进行研制，其气水分离器采用百叶窗、网垫凝聚级和惯性分离级三级组成。每台 LM2500 燃气轮机需要 11 个气水分离器，如图 3-12 所示气水分离器效率见表 3-2。

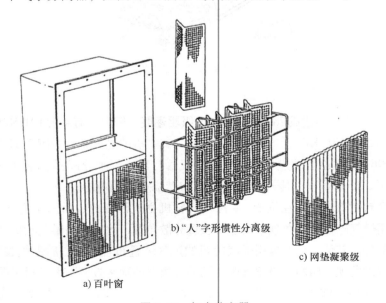

图 3-12　气水分离器

表 3-2   气水分离器效率

水滴尺寸/μm	分离效率（%）
≥5	90
1.7~5	70

从表 3-2 上可见，水滴颗粒的尺寸大小对分离性能有很大影响，大部分水滴颗粒被百叶窗和两级气水分离器除去。

防冰依靠压气机引气并将其与进气气流混合后来预热进气气流，使其相对湿度降至 70% 以下，百叶窗用电加热防冰。

整个进气系统压力损失为 1270Pa，吸进的冷却空气经冷却风扇增压至约 5080Pa。进气消声器由不锈钢制成的消声片组成，消声片为可拆式的，以便装拆燃气发生器和动力涡轮。

3.3   进气装置发展

舰船进气装置性能的好坏直接影响进气效率和气流组织形式以及进气气流中所含盐分的多少，进而制约着整个机组的总体性能。以装备燃气轮机的大型船舶为例，其燃气轮机对进气压力的损失非常敏感，每产生 100mmH$_2$O（1mmH$_2$O = 9.8Pa）压力损失，将造成燃气轮机功率损失 2%。压力损失及压力分布不均匀现象严重时还会造成燃气轮机性能的不稳定，使压气机效率和喘振裕度下降，甚至会使第一级叶片断裂。因此，一个进气装置的设计要兼顾滤清性能、气动性能、结构尺寸及重量等性能，以取得最佳平衡。

进气滤清装置作为进气装置的核心组成部分，其发展经历了单级过滤、二级分离、三级分离几个过程。单级滤清装置多采用惯性级滤清装置，其源头可以追溯到 1940 年由乌恰斯特金研究的供空气调节系统用的利用惯性分离原理的液滴分离装置。在早期船用进气滤清装置型式的相关研究中，惯性级滤清器的研究吸引了绝大部分注意力。导叶型惯性分离器的工作原理是：随着进口气流方向的改变，气流所夹带的水滴由于较大的惯性作用发生碰撞并沉积在叶片的疏水槽内，在重力的作用下沿疏水槽流下，最终起到气水分离的作用。早在 1970 年，英国海军就单级导叶型惯性分离器进行了实验，其结果表明：当流速较高（如 8~9m/s）且进口气流所夹带水滴直径为 6~13μm 或者更大时，惯性级滤清器的滤除效果较好。但是当进气速度和水滴尺寸减小时，惯性级滤清装置的滤水性能也相应降低。

典型惯性级滤清器叶片结构如图 3-13 所示。

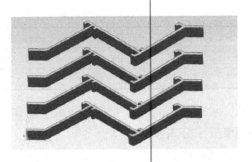

图 3-13　典型惯性级滤清器叶片结构

　　由于惯性级滤清器有一定的滤除范围，因此，在导叶型惯性级进气滤清装置得到关注的同时，针对用金属丝网等材料制成的丝网滤清器的特性研究也得到相应的重视。1965 年，英国海军船舶分部做了一系列关于网垫级滤清器的实验研究，实验中网垫有不同的安装角度和不同的进口气流速度。压力降和滤清实验在不同水雾模拟条件下进行。实验结果表明，丝网材料中较好的是蒙乃尔合金，分离效率最好的安装角度为 45°，进口气流速度有一定的限制，超过某一个速度就会发生液滴穿透以及卷吸等现象。当进口气流速度为中等流速（3~6m/s）且含颗粒直径为 2~10μm 时，网垫级滤清器的过滤效果较好。因此，网垫级滤清器在浪花较大和进气流速较高时过滤效果不佳，而气雾较轻时过滤效果良好。

　　从上述实验中可以总结出，单级滤清器不论是惯性级还是网垫级都有一定的限制。于是二级组合式分离装置的研究逐渐兴起。最典型的二级滤清器是由惯性级滤清器和网垫级滤清器组合而成。惯性级滤清器和网垫级滤清器各司其职，各有分工。其中惯性级滤清器主要用来滤除大量的海水和较明显的水雾，从而分离大尺寸的海水液滴；而网垫级滤清器则主要起一个凝聚的作用，以此可以捕捉到直径较小的液滴。进口气流的速度以及液滴的重量决定了海水液滴最终是被过滤还是被重新卷入气流。为了减轻阻塞，滤网必须要及时清洗。

　　对于二级滤清器，其第二级往往起到凝聚的作用，由于会发生黏附在丝网表面的液滴颗粒被气流吹散而重新夹带等现象，所以在网垫级之后或其下游还会出现较大直径的液滴。为了进一步提高滤清器效率，就需要在第二级后面再加一个导叶型惯性分离器，由此，三级组合式滤清器应运而生。典型三级组合式滤清器如图 3-14 所示。

　　无论是二级滤清器还是三级滤清器，传统的进气滤清装置都是以金属丝网网垫为核心过滤单元，通过其凝聚细小液滴的作用来达到较好过滤效果。但是

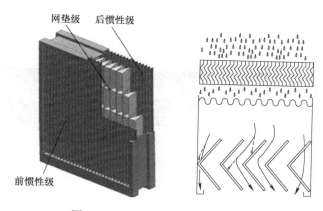

图 3-14　典型三级组合式滤清装置

由于金属丝网材料本身的局限性，进气滤清装置的性能存在瓶颈，由于金属过滤材料的过滤器出口处气体的含盐量很难降低到 0.01ppm 以下，所以其性能的进一步提升几乎不太可能。这是因为金属丝网的直径难以做到更细，和目前新发展出的非金属纤维过滤材料动辄微米甚至纳米级纤维丝径相比，其对颗粒物的捕集性能更低。另外，金属丝网网垫难以做成袋式、折褶式等多种结构，以便扩大过滤面积、降低过滤流速，其容尘量也不占优势。因此，高分子非金属纤维过滤材料的舰用化研究目前已成为舰船进气滤清结构和实验发展的热点。新型非金属舰用过滤材料如图 3-15 所示。

图 3-15　新型非金属舰用过滤材料

第 **4** 章
进气装置防冰

　　燃气轮机的装舰应用需要面对复杂的海洋环境，如图4-1所示。海洋环境湿度大，高海况下燃气轮机进气口可能面临严重的浪花喷溅影响，海洋环境空气中含有较高浓度的盐分，这些盐分大多数以盐雾气溶胶的形式存在，舰船燃气轮机面临的进气盐雾腐蚀威胁严重，进气盐分不仅会使压气机等冷端部件积垢、腐蚀，还会引起燃烧室、涡轮等热端部件的硫化腐蚀，影响燃气轮机的安全性、可靠性和使用寿命。特殊海洋环境下，如近海、沿海海域或沙尘暴影响海域，舰船燃气轮机也可能面临具有高浓度微小颗粒物的沙尘与盐雾混合的环境，这些颗粒物进入发动机会带来燃气轮机严重的损害。同时，在寒冷或极寒海域，舰船燃气轮机的进气系统暴露在冰雪、沉积冰或凝结冰的威胁之中，轻者会造成进气系统部件通道几何变形，导致进气系统压力损失增加、盐雾去除效率降低、进气流量降低，使燃气轮机压气机气动性能下降、盐雾腐蚀增大，甚至导致压气机喘振。严重时冰块脱落造成进气系统部件和压气机机械损坏，导致燃气轮机发生重大安全事故。

图 4-1　舰船面临的复杂海洋环境

　　舰船进气系统既要适应舰船航行时恶劣海况下的浪花飞沫喷溅，又要适应严寒天气下进气结冰的影响。其中，燃气轮机进气系统结冰是高纬度地区舰船航行不得不面临的问题，是影响燃气轮机性能及安全的重要因素。为了保证舰船的安全运行，必须采取合适的防、除冰措施。

4.1　海上结冰环境条件的分析

海面上的空气经常含有一定数量的水分，或呈悬浮水珠，或呈水汽。在进气温度为 ±4.4℃，相对湿度达到 70% 或更高时，可观察到结冰现象。这是因为气流在通道中流动时有一定的静温降，造成空气有可能达到饱和状态，气流中开始析出水分，并和原来含有的水滴形成直径为 20～30μm 的水滴，其与进气装置冷表面接触后凝集成冰。静温降越大，就越容易析出水分，见表 4-1。

表 4-1　不同温度下水蒸气呈饱和状态的空气内的水蒸气含量

项目名称		环境 1	环境 2	环境 3	环境 4	环境 5
环境温度/℃		4.4	5	6.1	−6.7	−12.2
水蒸气所饱和的空气内的水蒸气含量（g/m³）		6.502	6.760	7.268	2.822	1.780
相对湿度（%）		70	70	70	70	70
相对湿度 70% 时水蒸气含量（g/m³）		4.550	4.732	5.089	1.975	1.230
水蒸气所饱和的空气内的水蒸气含量（g/m³）	静温下降 3℃时	5.320	5.540	5.960	2.200	1.405
	静温下降 5℃时	4.620	4.840	5.220	1.860	1.171
	静温下降 5.6℃时	4.410	4.620	5.010	1.765	1.061

在海洋条件下，冰有两种形式：沉淀冰（又称薄冰）和冷凝冰（又称霜冰）。

产生沉淀冰的条件是环境空气中含有自由水滴和气温低于 0℃。这种自由水滴主要指冷冻飞溅的浪花、大气降水、雾和凝结水。在绝大部分时间内，大量水冰冻主要是由飞溅浪花或大气降水形成的。沉淀冰具有光滑、外观透明和附着力强的特征。沉淀冰对进气系统的威胁，主要是使进气系统的防护进气网罩、百叶窗和气水分离器元件有可能堵塞。当稳态过饱和环境空气出现扰动时，就会引起沉淀冰的特殊状态——白霜。白霜具有非常快的核化和凝聚过程，它附在进气口金属防护罩格栅的冷表面上，只要十分钟的时间就可以完全堵塞进气口格栅。海浪飞沫形成以及沿舰移动示意图如图4-2所示。

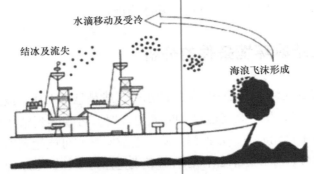

图4-2　海浪飞沫形成以及沿舰移动示意图

　　产生冷凝冰的条件是进气相对湿度高且气温在冰点以上，由于气流加速引起静温降产生水蒸气凝聚和结晶。这种水蒸气主要是海水悬浮颗粒和空气中析出的水微粒，它们在进气系统部件上过冷后形成冷凝冰。冷凝冰具有粗糙、外观不透明和附着力弱的特征。冷凝冰的存在会造成进气系统和燃气轮机的损坏。由于冷凝冰往往发生在进气道后端，位于气水分离器之后，其结冰和冰脱落的危害是尤其严重的。

　　典型的进气系统的结冰情况如图4-3所示。

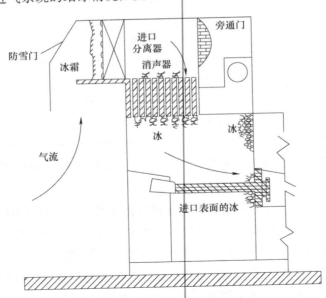

图4-3　典型进气系统的结冰情况

　　从图上看到，进气流从防雪门边缘几乎是垂直向上地被吸入，然后通过固定式百叶窗的防护罩格栅和百叶窗，再通过进口分离器和消声器片，进入稳压整流室，最后进入燃气轮机导流罩。在该系统内所结冰的情况如下：

1）在进口防护格栅和百叶窗外所形成的冰霜会使进口压降增加，并有可能打开进气旁通门工作。因此，一般必须捣去进气防护格栅上的白霜使其保持清洁。而颗粒状的冰粒主要靠惯性分离器清除。

2）当旁通门打开时，积聚在旁通门周围的冰就会松碎且随后掉到燃气轮机进气口导流罩周围。

3）进气系统通道中任何凸出部分都会结冰。

4）消声器消声片下侧也有结冰现象。

5）积聚在进气室顶板上的冰融化后，靠进气室内微弱的真空度作用散落到系统的进口，再在进口导流罩上凝聚成冰粒块，这种冰块松碎后就被吸到燃气轮机内。

6）如果压气机进口已出现结冰，则不允许利用防冰系统工作。此时必须直接停车，人工清理所形成的冰。

上述的结冰情况对燃气轮机运行所造成的后果是，进气口严重堵塞，必然会中断或限制燃气轮机的正常工作。因为由于进口通流面积的减少以及由此而引起的流阻的增加，使整个燃气轮机性能受到影响，从而使输出功率和热效率下降。因此，进气装置一定要设有有效的防冰措施。

4.2　进气防除冰方法

进气装置结冰会增大进气道中的压力损失，并减小空气的质量流量和沿发动机气道压力。进气装置开始结冰时会导致燃气轮机功率降低，而当结冰严重压力损失较大时，会引起涡轮前燃气温度升高超过允许值和喘振。

在结冰情况特别严重时，在结构振动或是气流紊流脉动作用下，成块的冰可能脱落下来撞击压气机导向管或是压气机前几级工作叶片，产生压伤现象，严重情况下，会发生压气机叶片断裂。进气装置部件结冰会使进气道中空气气流扭曲，引起气流失速和形成旋涡，这可能成为喘振或发动机停车的原因。因此，在进气装置中要采取防冰措施，以确保燃气轮机安全运行。

随着燃气轮机舰用化的发展，国外研究机构对舰船燃气轮机进气系统防、除冰方法开展了研究。研究大致可分为机械式、理化式、加热式等几种方法。①机械方法：利用气动力和离心力除冰，采用气动和超声振动防冰器并结合涂疏水涂层；②理化方法：采用能溶解冰并降低水的冰点的流体（氯化钠、氯化钾和硝酸钠）和防结冰液体（甘醇混合物、乙醇酒精和酒精甘油混合物以及丙烯醇）等；③加热方法：可用压气机的热空气、燃气轮机的排气及电流进行经常性的或周期性的加热。从理论上讲，以上方法都可以作为防结冰措施，但从国外海军舰船和海上实际应用情况考虑，真正可用的就那么几种，且存在不少缺陷，现分述如下：

1）采用防水覆盖物降低水滴与表面的凝聚力，从而有利于去除水滴并防止结冰。

蜡、油脂等有机物以及石墨、硫黄等无机物均是这样的防水材料，也可采用硅有机化合物，近年来国内外研究者又提出了具有仿生荷叶效应的超疏水涂层。这些防水覆盖物均能降低水滴与表面的凝聚力。最新的研究表明，具有超疏水涂层的表面在抑制壁面冰层产生、延缓结冰周期、提升低温换热量和换热效率方面具有显著优势。因此，超疏水涂层经常和低温制热措施配合使用。

经实验研究，虽然以上防水材料能大大降低水与表面的凝聚力，但并不能完全避免结冰现象的产生。在船用条件中应考虑到，当表面很潮湿（如有溅水、浪花）时，会在防水覆盖物上很快形成冰层，这时覆盖物就起不到防护作用。此时，冰与表面的凝聚力减少，反而增加了冰块断裂从而被吸入进气系统、导致进气系统内各部件以及燃气轮机损坏的风险。因此，在舰上不能简单使用防水覆盖物来防止进气装置结冰，采用这类新材料可以作为辅助手段，还需要综合考虑各措施的配合以及应用位置等。如在进气口的百叶窗和惯性级叶片上涂覆超疏水涂层，配合电加热等加热手段，在极寒气候下能够起到有效延缓结冰和快速除冰的效果。

2）引自压气机的热空气加热。通常把压气机出口或中间某级后的热空气引到进气装置进气口，如图4-4所示。将热空气喷入气流并与进气空气混合，有效地改变了气流的湿度和温度，防止了结冰。这一防冰系统的优点是结构简单且性能可靠，因此得到了最为广泛的应用；缺点是系统的效率与发动机工况相关。在低工况时，空气加热系统效率低，故计算时应留有余地。对所引空气流量最好进气自动调节，合理地利用引气。为了对引气量进行限制，可设置流量限制器，借助电动阀门对热空气进行控制。

图4-4中，采用从燃气轮机压气机引出的温度为460℃、流量为1.29kg/s的热空气进行防冰，可使空气温度增高7.5~8℃，环境空气相对湿度可从70%下降到22%~44%，即使在考虑3~5.6℃的静温降时，空气相对湿度仍能保持在30%~62%。因此，压气机引气防冰，在整个环境空气温度范围内，相对湿度为70%时，进气装置除百叶窗和百叶窗前的防护网罩外不会出现结冰，

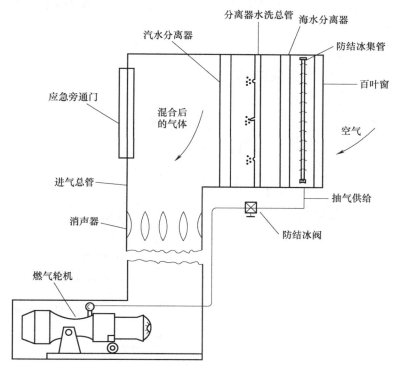

图 4-4　压气机引气防冰系统示意图

其防冰效果极为明显，是舰上燃气轮机用得最多的防冰方法。防护网罩的金属丝网格应是大网目的，以防结冰。金属丝建议用直径为 2.5mm 左右的不锈钢丝，编织 25mm 网目。使用较粗的金属丝可减少结冰的可能性。百叶窗叶片可用电加热防结冰。

　　美国在 DD-963 级舰上采用了两种引气防冰位置。主动力 LM2500 燃气轮机进气装置的百叶窗背面用电阻丝加热来防结冰，由于进气口位置很高，浪花和飞溅的海水不易溅到进气口，引气防冰系统主要布置在百叶窗后，向气水分离装置喷射热空气对进气加热。而发电用 501-K17 燃气轮机的进气口位置较低，且进气百叶窗上无电阻丝加热，因此在进气百叶窗后设引气防冰集管，直接向百叶窗喷热空气，既能防止百叶窗叶片上结冰，又能防止气水分离器结冰。同时在压气机进气口前的垂直进气道内也设有引气防冰集管，以防止进气道管壁和压气机进气口处结冰。DD-963 级舰用燃气轮机进气防冰系统原理如图 4-5 所示。从图 4-5 上看到，由温度传感器把大气温度信号、转速传感器把发动机转速信号输入防冰阀控制器，用来控制防冰阀和截止（切断）阀。再由手动截止阀和分流阀来调节两个防冰集管。防冰开始后，温度传感器把混合后的空气温度信号输入防冰阀控制器，再与转速信号一起控制防冰阀和截止阀，来调节引气流量。

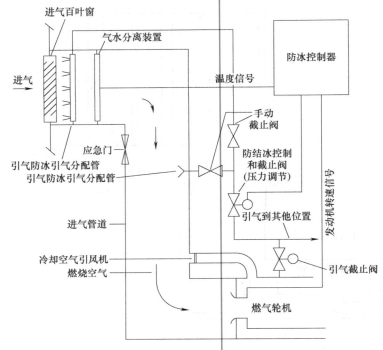

图 4-5　DD-963 级舰发电用燃气轮机进气防冰系统原理

引热空气防冰除单独设置集管外，还有其他方法，如苏联在惯性型波纹板形分离器中通热空气防冰，如图 4-6 所示。从燃气轮机压气机中把热空气引入集气腔，通过气腔上的孔，热空气进入波纹板组成的防结冰腔内，再从下端排入集水槽逸出。这种方法既加热了波纹板叶片，又加热了流道中的气流，使其相对湿度下降、温度有一定升高，达到防结冰目的。

波纹板叶片用铝合金板材冲压而成，随后进行阳极氧化并渗镍。要保证涂层表面具有必要的粗糙度和水膜流动的稳定性。为了将波纹板两两连接，可以采用铆接、点焊或者借助环氧树脂胶粘。

3）引用燃气轮机排出的灼热燃气防冰。由于燃气轮机排气温度高，因此用排气加热进气最有效。但是，由于排气具有腐蚀性，尤其是在掺有海水的情况下其腐蚀性更严重；又由于排气有发生火灾的危险性并且会造成空气污染，从而污染进气装置和燃气轮机通流部分。因此，只有在燃油中含钒、硫以及其他会污染腐蚀进气装置和燃气轮机通流部分的元素极少的情况下才可使用这种方法，而在舰艇上或海洋平台上都拒绝采用此种加热防冰方法。国外在陆用燃

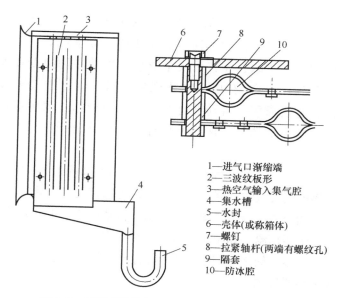

1—进气口渐缩端
2—三波纹板形
3—热空气输入集气腔
4—集水槽
5—水封
6—壳体(或称箱体)
7—螺钉
8—拉紧轴杆(两端有螺纹孔)
9—隔套
10—防冰腔

图 4-6　惯性型波纹板形可加热分离器的结构形式

气轮机装置上有使用这个方法的，通常把排气引到进气装置进气口防雪罩上，主要用于提高空气温度来防结冰。

国外也在研究基于燃气轮机排气余热利用的新型防、除冰方法，把百叶窗或惯性级叶片制作成空腔结构，把排气、热蒸汽等热气或热管介质通入空腔结构，与进气进行换热，这样不仅加热了百叶窗或者惯性级叶片表面避免了进气结冰，而且增加了进气温度，降低了湿度，减少了冷凝冰产生的可能。通过该方式可进一步降低进气防、除冰能耗，提升部分负荷时燃气轮机功率，是一种很有前途的防、除冰方法。

4）电加热防、除冰。电加热防除冰是传统的防、除冰方式，国外利用较早，但是这一方式会消耗相当大的电功率，对于平板消耗功率达 $44W/m^2$，对于防护网每秒通过 $1kg$ 空气就需要消耗功率 $50 \sim 100W$，在燃气轮机进气装置面积很大的情况下能耗严重。航空器上广泛采用周期加热法（通电 τs 后再停 $2\tau \sim 3\tau s$）可减少加热所消耗的功率，而在舰上，进气装置需要加热的表面面积相当大，又由于结冰速度很快，故周期加热效果有待商榷。当然进气装置部分元部件采用电加热是合适的。如国外有的舰船在进气百叶窗每个叶片的背面都装有电加热器（即表面贴有电阻丝），防止进气口结冰堵塞，即使在下雪期间也能达到防冰的目的。另外，对可调百叶窗的转动部件、自动门的密封垫以及执行机构进行电加热均能防止其被冻住，使其保持正常工作。

如美国在 DD963 级舰上采用加热百叶窗来防止气水分离器结冰。在百叶窗叶片背上贴有电阻丝，加热温度为 121℃，防冰效果良好。在 DD972 舰上采用同样的方式防冰，在其服役全周期，即使在阿拉斯加航行，外界温度只有 -6.7℃时，也没有出现结冰现象。以上舰上进气装置设有专门的应急旁通门，它能靠压差自动地打开，为避免结冰过程中应急旁通门无法开启，设有环形电加热器。该舰上只有进气百叶窗和应急旁通门上采用电加热防冰系统。

美国帕曼蒂克公司开发了针对进气系统的部件和探测器的电加热防冰系统，它不是加热进气气流的，因此功耗较小，可以接受。具体方法就是在可调百叶窗上、下转轴处要加温，如图 4-7 所示，自动门式气水分离器四周框架与法兰之间的密封垫要加温，如图 4-8 所示。百叶窗转动机构要加温以及静压探测孔处需加温。当温度低于 4℃时，启动所有电加热器，以防结冰情况下无法开启或关闭或传感器失效。

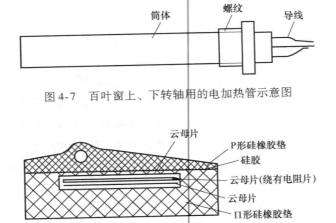

图 4-7　百叶窗上、下转轴用的电加热管示意图

图 4-8　自动门式气水分离器四周框架用 P 形电加温密封垫示意图

随着越来越多的船舶和海上设施需要在非常寒冷的环境中运行，国外公司开发了不同的电加热气水分离器，如英国 Premaberg 公司开发的 PH120 加热分离器在每个叶片上提供自限电伴热电缆，可有效防止冰雪堆积，如图 4-9 所示。Premaberg 公司的电加热分离器已完成在 -50℃下的独立测试，这些装置能够处理高的水负荷，并保持低压降特性。

近年来，一些新材料结合电加热防冰技术在飞机上开始使用，并推广应用到舰船领域。如奥地利 Villinger 公司开发了超薄半导体柔性加热层技术（LDI™）用于飞行器、风机、舰船等防除冰，加热层可以作为覆盖层集成到

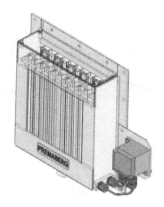

图 4-9　PH120 电加热分离器

复合材料和金属结构中，与冰传感器和 ECU 构成电热防除冰系统，如图 4-10 所示。加热层轻薄且具有良好的柔韧性，可以应用于任何复杂结构表面。该产品解决了传统电加热技术的"热点"和线束不耐损伤问题，整个加热层表面发热均匀，发生高破损仍可正常工作，即使加热层出现几个破损区域，整个系统不受影响。

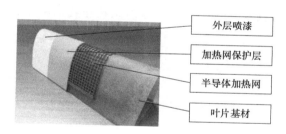

外层喷漆

加热网保护层

半导体加热网

叶片基材

图 4-10　Villinger 半导体加热网的构成

5）利用水洗系统喷射丙烯乙二醇。利用水洗系统向气水分离器喷射丙烯乙二醇，防止气水分离器表面结冰。试验证明，将丙烯乙二醇同海水混合后喷射到分离器表面可以除掉其表面的结冰，使压降恢复到正常水平。图 4-11 所示为典型的喷射丙烯乙二醇溶液除冰性能试验曲线。喷液时间 10min，丙烯乙二醇与海水量之比为 1:4，喷射流量为每台气水分离器 6.62L/min，环境温度为 −9.4 ～ −4.4℃。醇的高表面张力和气水分离器的丝网结构将丙烯醇留在过滤层中，随着水不断冲刷，这些丙烯醇将会被消耗掉。因此，必须定期喷洒防冰剂才能有效地解决气水分离器表面结冰的问题。

美国哈密尔顿标准公司提供的两级分离器产品，其设在百叶窗后凝聚分离器前的水洗集管是两用的。水洗集管除了清洗凝聚分离器外，在严寒结冰情况

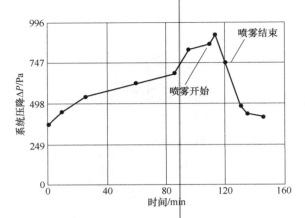

图 4-11　典型的喷射丙烯乙二醇溶液除冰性能试验

下，可利用水洗集管来向凝聚分离器喷洒丙烯乙二醇以防止分离器表面结冰。由于这种利用水洗系统喷射丙烯乙二醇除冰的方法并不能完全解决结冰问题，且会加大成本，因此并没有得到大量应用。

从国外舰船应用的几种防冰方法分析看，对于水面舰艇燃气轮机进气装置，多选用从燃气轮机压气机引热空气来防冰，并辅以局部电加热，组成联合防结冰措施。部分新材料和新的防、除冰结构正在研究中，并没有得到大量应用。

第**5**章

进气消声器

舰船燃气轮机的噪声源，通常分为进气噪声、排气噪声和机匣辐射噪声。进气噪声主要是高速旋转的压气机叶片与气流作用产生的噪声，该噪声传至进气道与进气流噪声复合，呈现高频特征。在燃烧室中，伴随着气流扰动以及燃烧振动形成的噪声一般为低中频率噪声。在动力涡轮中，也会与压气机叶片类似产生高频噪声，但主要的还是以高温燃气进入推气蜗壳产生的低频噪声为主。排气流经蜗壳、扩压过渡段也会引起气层分离或畸变，综合形成宽频带的低频噪声。再加上燃烧室的噪声经排气管向外传播，排气噪声是宽频带的低频噪声。所谓机匣辐射噪声，是由于进排气噪声的综合效应，连同附件与传动装置的机械噪声，通过机匣壁向四周辐射的结果，通常比进排气噪声输出的声功率级低 10 ~ 15dB 左右。燃气轮机进排气噪声强烈，如图 5-1 所示，严重影响舰员工作和生活环境，且不利于舰艇的声隐身性。

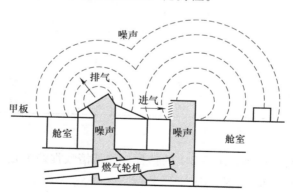

图 5-1　燃气轮机进排气噪声辐射

进气噪声是燃气轮机主要噪声源，安装进气消声器是降低舰船进气噪声的主要方式。船用燃气轮机消声系统要满足舒适感和听觉危害标准的要求。舰员之间的语言交流对于舰船有效运行非常重要，所以船舰上空间的许用声级也取决于说话易听清程度的要求。

要提供一个满足说话、听觉以及舒适感所有要求的总标准很难，因此，必须权衡折中。早在 1972 年，"美国海军部舰船总规范"中就提供了一个舰船上可接受的空气噪声通用技术规范，该规范在制定时认真考虑了舰船的操作，而且考虑了舰船空间的情况。

舰上空间分类如下：

A 类：除 E 类空间以外的空间，在此空间内必须保证能听清说话。

B 类：舰员在其岗位上的舒适感通常被认为是一主要因素的空间。

C 类：必须保持特别安静条件的空间。

D 类：预计噪声级较高，避免耳聋比听清说话更为重要的空间或区域。

E 类：必须能听清说话的高噪声区域。

F 类：必须能听清说话的露台甲板工作场地。

对于 A 类、E 类和 F 类来说，由言语干扰度（SIL）限制噪声大小。言语干扰度（SIL）是背景噪声对听清说话的影响的一个量度，在数值上是中心频率为 500Hz、1000Hz 和 2000Hz 倍频程声压级的算术平均值，单位是分贝。对其他类别规定了每一倍频程许用空气噪声的分贝值。A 类到 F 类的噪声级标准，包括言语干扰度的要求列于表 5-1。

表 5-1　舰船空间的空气噪声级标准　　　　　　（单位：dB）

舰船空间类别	倍频程中心频率/Hz									SIL 值
	31.5	63	125	250	500	1000	2000	4000	8000	
A	115	110	105	100	SIL 值要求			85	85	64
B	90	84	79	76	73	71	70	69	68	—
C	85	78	72	68	65	62	60	58	57	
D	115	110	105	100	90	85	85	85	95	—
E	115	110	105	100	SIL 值要求			85	85	72
F	115	110	105	100	SIL 值要求			85	85	65

定义：

倍频程是两个频率之比为 2:1 的频程，如某倍频程的中心频率为 $f_{中}$，上下限频率分别为 $f_{上}$、$f_{下}$ 的话，则：

$$f_{中} = \sqrt{f_{上} \cdot f_{下}}$$
$$f_{上} = 2f_{下}$$

(5-1)

目前，通用的倍频程中心频率 $f_{中}$ 为 31.5Hz、63Hz、125Hz、250Hz、500Hz、1000Hz、2000Hz、4000Hz、8000Hz、16000Hz。通常取中间的 8 个倍

频程（英国）或 9 个倍频程（美国和苏联）。

5.1　舰船进气噪声的物理源

　　船用燃气轮机进气噪声主要来自压气机。空气流进入压气机时，由于气流流动的不均匀性及其流量和转速的变化，流入叶栅的气流的入射角往往不能正好维持叶型攻角等于零，因而会产生气流附面层剥离或气流的旋转剥离。在叶栅表面产生一定的涡流源，该涡流源经高速旋转的压气机叶片传到进气管道底部的稳压整流室，与进气管道内的气流流场畸变所产生的压力波形成共振，就形成了高频特色的尖锐的噪声。压气机的噪声一般属于声谱的高频部分。

　　燃气轮机的声功率标准可以从燃气轮机制造厂获得。若发动机型号还未选定，为了预先分析，现选取三种具有代表性的燃气轮机装置的声功率级列于表5-2。声功率级是声功率与基准声功率之比的以 10 为底的对数乘以 10，以分贝计。基准声功率必须指明。其数字表示式为

$$L_w = 10\lg(W/W_0) \tag{5-2}$$

式中　L_w——声功率级（dB）；

　　　W——声功率（W）；

　　　W_0——基准声功率（W），$W_0 = 10^{-12}W$。

表 5-2　燃气轮机装置的进气噪声声功率级（近似）　（单位：dB）

倍频程中心频率/Hz	位置	31.5	63	125	250	500	1000	2000	4000	8000
25000 马力主推进燃气轮机	进气口	125	125	125	130	130	130	145	155	150
15000 马力舰改陆用燃气轮机	进气口	115	116	116	116	122	125	139	137	138
3500 马力辅机燃气轮机	进气口	110	110	115	115	120	125	125	125	125

注：1 马力 = 735.5W。

　　表 5-2 中，15000 马力航空改装型陆用燃气轮机的进气噪声声功率级为距燃气轮机固定点 3m 所测得的值；25000 马力和 3500 马力燃气轮机的进气噪声声功率级为设计值，后经实机测试表明，表 5-2 列的噪声声功率级数值均相当保守。

5.2 消声器的分类与性能要求

根据消声原理，常用的消声器可分为三大类：阻性消声器、抗性消声器和阻抗复合型消声器。阻性消声器是一种能量吸收性消声器，通过在气流通过的途径上固定多孔性吸声材料，利用气体在多孔吸声材料内的摩擦和黏滞阻力作用将声能转化为热能耗散掉，从而达到消声的目的。阻性消声器适合于消除中、高频的噪声，消声频带范围较宽，对低频噪声的消声效果较差。抗性消声器又称声学滤波器，如共振消声器、扩张式消声器、干涉消声器，它利用声波的反射和干涉效应等，通过改变声波的传播特性，阻碍声波能量向外传播，主要适合消除低、中频率的窄带噪声，对宽带高频噪声则效果较差。阻抗复合型消声器则综合了阻性消声器和抗性消声器的优点，对宽频带噪声都有较好的消声效果。

消声器性能的评价主要采用以下 3 项指标：

（1）消声器的消声性能（消声量和频谱特性）

消声器的消声量通常用穿透损失和插入损失来表征；在现场测量时，也可以用排气口（或进气口）处末端声级差来表示。

穿透损失是消声器进口端入射声功率级和出口端透射声功率级的差值，定义为：

$$TL = 10\lg \frac{W_1}{W_2} = L_{w_1} - L_{w_2} \tag{5-3}$$

式中　　TL——穿透损失（dB）；

　　　　W_1——入射声功率（W）；

　　　　W_2——透射声功率（W）；

　　　　L_{w_1}——入射声功率级（dB）；

　　　　L_{w_2}——透射声功率级（dB）。

但是声功率级不能直接测量，一般是通过测量声压级值来计算传递损失。测量传递损失采用两端差法，即分别测量出消声器入口处和出口处的平均声压级（总声压级和 A 计权声压级），其差值为传递损失。但是这种方法的缺点是容易受到环境噪声的影响。两端差法也可在消声器入口处和出口处的管壁上选取代表点来测量声级，以避免高速气流对传声器的测量干扰。

在现场测量时，插入损失法是被较为广泛采用的消声器消声性能评价方法。即在距空气动力设备的一点或数点分别测出该设备上加装消声器前后的平均声级（总声压级或 A 计权声压级），两者的差值即为插入损失值。这种测量方法的优点是无论空气动力设备是高温的，还是高流速的，是对传声器有侵蚀作用的，还是不允许在壁面开孔的，都可以采用。缺点是如果环境噪声大时测量不出精确值。

在现场测量中，有时为了避免周围环境噪声的干扰，亦可使用排气口（或进气口）处末端声级差法来评价消声器的消声性能。即在距排气口（或进气口）一定距离的一个或几个点测量平均声级（总声压级或 A 计权声压级）。加上消声器后，再在距消声器的排气口（或进气口）同样距离的一个点或几个点测量平均声级（总声压级或 A 计权声压级），两者的差值即为消声量。

消声器的传递损失、插入损失或末端声级差等是评价消声器消声性能的主要指标，其数值越大，消声效果越好。但评价方法不同，有时所得结果亦不同，故在测量时应该说明采取的是哪种方法。

评价消声器的消声效果时，只用总声压级或 A 计权声压级是不够的，还必须知道消声器的频率特性，即在各个频率或频带的消声量。这就要求分别测出各频率或频带的传递损失、插入损失或末端声级差，以说明该消声器的频率特性。一般都是以倍频程和 1/3 倍频程来表征消声器的频率特性。

（2）消声器的空气动力性能（阻力损失等）

消声器的空气动力性能也是评价消声器好坏的一个标准。因为任何消声器都是安装在气流通道上的，它必然会影响空气动力设备的空气动力性能，如果只考虑消声器的消声性能而忽略了其空气动力性能，在某种情况下，消声器就可能大大降低空气动力设备的效能以至于不能使用。如果发动机的消声器阻力过大，则将使发动机的功率损失过大，以至于开不动车。

消声器的空气动力性能主要用阻力损失和阻力系数来表示。阻力损失是由于气流与消声器内壁面的摩擦，以及流经弯头、穿孔屏、管道截面突变等原因所引起的。通常用消声器入口和出口的总压差来表征。如进出口的气体流速相等，则用两端的静压差来表示即可。

在不同的风速下测出消声器的动压 $p_{动}$ 和阻损 Δp 后，即可按照下式算出消声器的平均阻力系数 $\bar{\xi}$。

$$\bar{\xi} = \frac{\overline{\Delta p}}{\overline{p_{动}}} \tag{5-4}$$

式中　$\overline{\Delta p}$——消声器入口和出口断面上的平均总压差（Pa）；

$\overline{p_{动}}$——测点断面上的平均动压（Pa）。

（3）消声器的结构性能（尺寸、重量、使用寿命等）

消声器的结构性能是指它的外形尺寸、重量、坚固程度、维护要求、使用寿命等，它也是评价消声器性能的一项指标。

性能优良的消声器除了应具有良好的声学性能和空气动力性能之外，还应该具有体积小、重量轻、结构简单、造型美观、加工方便、坚固耐用、使用寿命长、维护简单和造价便宜等特点。

上述消声器三方面的性能既相互联系又相互制约。从消声器的消声性能考虑，在所需频率范围内的消声量越大越好；但是同时必须考虑空气动力性能的要求。在兼顾消声器声学性能和空气动力性能的同时，还必须考虑结构性能的要求，消声器不但要耐用，还应该避免体积和重量过大、安装困难等情况。在实际应用中，对三方面的性能要求应根据具体情况做具体分析，并有所侧重。

5.3 进气空气噪声的消声方法

燃气轮机压气机的噪声是由压力的脉冲作用于气流冲刷的表面而形成的。根据这种噪声形成的物理过程施以反作用的方法，是从根本上降低噪声的主要途径。

通过在进气垂直通道壁上敷设隔声材料、安装消声板或消声片等方法可将从燃气轮机传出的内部噪声降低到可接受的数值。压气机噪声的高频特性及消声材料的有效性降低了压气机噪声对外辐射治理的难度。

由于在舰船上空间受到很大限制，所以采用所谓自然衰减消声法是不可取的，主要靠进气道内吸声壁和消声器来消声。

进气消声器的设计要求是：

1）发动机制造厂商提供未消声时发动机的进气噪声频谱。

2）舰船总体部门提出进气消声后的进气噪声要求。

3）进气消声器的允许压降应保持在合理范围内。

4）进气消声器的堵塞度要求尽量低；最大流速一般不超过30m/s。

5）进气消声器出口位于距发动机中心线上面至少3m。

6）进气消声器中心线与上下相邻管道部件的中心线夹角不大于15°，中心线最好重叠。

7）进气消声器可以是圆形，但通常为矩形，以减小甲板开口尺寸，尽量提供标准化的可互换的消声元件，减少消声元件数量。

8）进气消声器常采用消声片元件，这些消声片能使通过分离器后的空气流以良好的状态进入压气机。

9）进气消声器的消声片要求是全焊接结构。它虽然不是受力部件，但是其部件可能由于振动或疲劳破坏而被吸入燃气轮机从而发生事故。因此，消声器片通常使用焊接性能和防腐性能较好的材料。

10）进气消声器寿命，一般要求有效使用 20 年，甚至更长时间。

11）消声器在陆上要进行模型试验，测得气动性能和降噪性能，必要时还需要进行抗冲击试验。

12）如果进气道为拆卸发动机的通道，那消声元件必须设计成可拆卸的，以适应发动机的拆卸。

为了保证消声空间的最大利用率，消声片式的消声器被广泛选用，这种消声器在气动压力损失和消声性能之间获得最佳平衡。片式消声器典型结构如图 5-2 所示。这种结构在舰船进气系统中得到广泛使用，下面将介绍几种实例。

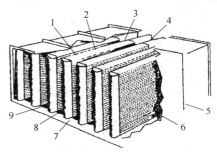

图 5-2　片式消声器

1—窄的喉部　2—直的消声通道　3—尖劈　4—气流出口　5—带加强肋的壳体
6—填入的长纤维毡层　7—带孔厚法兰　8—实心半圆形头部　9—钟形进气口

（1）美国卡拉汉号主推进燃气轮机的进气消声器

卡拉汉号原先以两台 FT4A-2 燃气轮机为动力，后来改用两台 LM2500 燃气轮机为动力。为 FT4A-2 设计的进气消声器在空气动力和消声方面也适用于 LM2500 燃气轮机。它在船上布置位置如图 5-3 所示。燃气轮机进气口噪声的消声是利用装于燃气轮机进气道中的两级直流片式消声器来实现的。消声器分成两个单元，可以在甲板平面之间移动。消声器全部为焊接件，所有的钢板表面均经电镀处理，以尽量减少腐蚀。

进气消声器的设计取决于甲板舱室声压级的要求。该进气消声器的插入损失列于表 5-3。

表 5-3　典型的舰船上主推进燃气轮机进气消声器的插入损失　（单位：dB）

舰船	消声部位	倍频程中心频率/Hz							
		63	125	250	500	1000	2000	4000	8000
卡拉汉号	进气口	14	8	13	32	64	65	72	72
北极星号	进气口	—	—	4	12	18	56	69	62
DD963	进气口	9	17	27	38	41	45	42	20

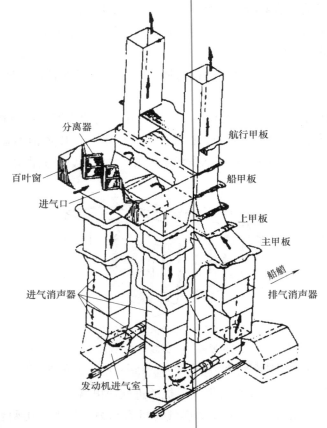

分离器
百叶窗
进气口
航行甲板
船甲板
上甲板
主甲板
船艏
进气消声器
排气消声器
发动机进气室

图 5-3　卡拉汉号燃气轮机进气系统中消声器位置

（2）美国北极星号破冰船加速燃气轮机的进气消声器

美国海军警备队的北极星号破冰船质量 11000t，长为 122m，能破 6.4m 厚的冰。该船的动力装置为柴油机和燃气轮机（CODOG）联合动力装置。破冰时的加速动力由三台 25000 马力的 FT4A-12 船用燃气轮机提供，每台燃气轮机驱动一根轴。每台燃气轮机的进气消声器如图 5-4 所示。在燃气轮机全部运行时，进气管入口处的噪声不超过 90 校准分贝。表 5-3 是为满足规范所必需的进气消声器插入损失。

由于该船的空间限制，进气消声器的形状设计成与船的椭圆形进气道相似。所采用的直流片式消声器制成如图 5-4 所示的三段。

消声器的全部钢制部件均用 316L 型不锈钢制成。

（3）美国 DD963 级舰燃气轮机的进气消声器

DD963 级舰主推进和辅助动力均为燃气轮机，也都装有进气消声器。

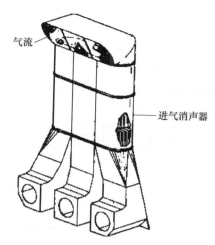

图 5-4　美国海岸警备队北极星号破冰船加速燃气轮机的进气消声器

图 5-5所示为两台主推进燃气轮机（LM2500）的消声系统，包括进气消声器、排气消声器以及通风管消声器，辅助动力燃气轮机消声系统也包括这三部分。

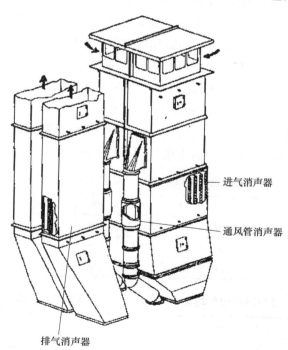

图 5-5　DD963 级舰主推进燃气轮机的消声系统

消声器设计满足言语干扰度为 65 的要求。对于进气，该标准是在面向进气口平面测定的。

辅助动力（电站）燃气轮机的消声系统设计也要满足上述标准。每台主推进和辅助动力燃气轮机进气消声器的插入损失见表5-4。

表5-4　主推进和辅助动力燃气轮机进气消声器的插入损失　　　（单位：dB）

DD963 级舰	消声 部位	倍频程中心频率/Hz							
		63	125	250	500	1000	2000	4000	8000
主推进燃气轮机	进气口	9	17	27	38	41	45	42	20
辅助动力燃气轮机	进气口	2	9	16	25	27	31	14	9

DD963级舰消声系统的设计使用寿命为20年，尽管该消声系统要遇到相当严酷的运行条件。在选择结构材料时，很重要的一点是考虑湿度、盐腐蚀的影响，对排气消声器要重点考虑到温度的影响。

消声器所有金属部件都采用316L奥氏体（铬-镍）不锈钢。这种材料的最高工作温度达815℃（对排气消声器是需要的）；钼的成分提高了材料抗氯化物腐蚀能力；和碳钢一样，它可以用所有方法焊接，并且对碳化沉淀物不敏感；这种材料可做成薄板、平板以及其他结构形式。

表5-5和表5-6包括了LM2500燃气轮机和LM2500燃气轮机模件在功率为20220kW、17647kW和15808kW时估算的最大空气噪声声功率级（PWL）（97.5%的机组低于这些估算值）。给出声功率级是因为这种数据可以修正装置的衰减系数，制定初期噪声控制的专门部位的声压级（SPL）。

表5-5　LM2500燃气轮机进气管（喇叭口）处声功率级估算最大值　（单位：dB）

倍频程中心频率/Hz	31.5	63	125	250	500	1000	2000	4000	8000
20220kW	119	120	121	121	129	138	147	154	147
17647kW	119	120	121	121	129	137	145	152	146
15808kW	118	119	120	120	128	136	143	150	145

表5-6　LM2500燃气轮机模件进气口声功率级估算最大值　　（单位：dB）

倍频程中心频率/Hz	31.5	63	125	250	500	1000	2000	4000	8000
20220kW	118	118	117	116	122	130	138	145	138
17647kW	118	118	117	116	122	129	136	143	137
15808kW	117	117	116	115	121	128	134	141	136

注：进气口测量点在舰上管道与模件进气挠性接头之间接口处。

（4）德国 F122 级不莱梅号护卫舰燃气轮机的进排气消声系统

F122 级不莱梅号护卫舰于 1982 年 1 月制造完成。它的排水量为 3600t，采用 CODOG 推进系统，包括两台 MTU 柴油机（每台功率 3730kW）和两台 LM2500 燃气轮机（每台功率 18650kW）。

该舰的进排气消声控制系统是由美国 IAC（工业声学公司）设计制造的。

德国海军要求排气消声系统选用 316 型不锈钢，进气消声系统选用 NS8 等级的铝合金。所选材料和型号已经在实验和试验中得到证实，能与 F122 级不莱梅号护卫舰的服役寿命相适应。

该舰进排气消声系统见图 5-6 所示。

这些进排气消声系统的主要支撑布置都有专门的抗震支座与舰体结构隔离。早期的舰用消声系统均已进行按 MIL-S-901C 军标的冲击试验和按 MIL-STD-167B（船）军标的振动试验。

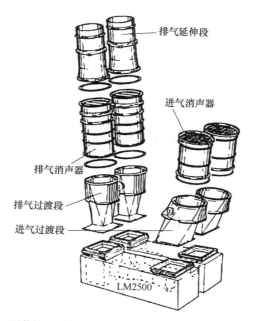

图 5-6　不莱梅号护卫舰 LM2500 燃气轮机的进排气消声系统

其他工况下的噪声级计算可以参考以下方法：

1）非额定功率时的进气噪声级。通常发动机制造厂商只提供最大额定功率时的进气噪声级，现介绍改成其他功率时的进气噪声级，可用下面的公式：

$$\Delta dB = 60 \lg \frac{n_{max}}{n} \tag{5-5}$$

$$dB_N = dB_{Nmax} - \Delta dB \tag{5-6}$$

式中　ΔdB——噪声的增量（dB）；

$\quad n_{max}$——最大额定功率的低压压气机转速（r/min）；

$\quad n$——给定功率下的低压压气机转速（r/min）；

$\quad dB_N$——给定功率下的噪声（dB）；

$\quad dB_{Nmax}$——最大额度功率下的噪声（dB）。

2）多机并车时的噪声级。在多机并车时，由于噪声源增加，噪声级将会提高。对同等级的多声源，噪声级提高的情况见表5-7。

表5-7　多机并车时的噪声级估算

相同声源的数量/个	2	3	4	5	6
增加的噪声/dB	3	5	6	8	8

第6章

进气滤清装置与部件

　　舰用燃气轮机的进气品质对燃气轮机的性能和可靠性有着很大的影响，燃气轮机的压气机和涡轮叶片等部件受盐雾的侵蚀会降低燃气轮机的效率，甚至会造成事故并缩短燃气轮机使用寿命。进气装置以进气滤清装置为核心，并设有防冰、应急旁通、清洗、疏水、监控等辅助支持系统。进气滤清装置是舰用燃气轮机进气装置中最关键的部件，它的性能好坏直接影响到燃气轮机的性能和可靠性。

　　燃气轮机在海上运行，其所需空气中常含有盐分，盐分溶解在空气中形成悬浮液滴或形成结晶盐。空气中也常含有来自舰上的油气，发动机、焚化炉和炉灶的废气。舰船在某些海湾运行时还会遇到空气中含有沙尘，特种艇如气垫船在滩头航行时，或在陆地硬质地面上航行时也会遇到大量沙尘。所以在燃气轮机进气装置中要设有除水、除盐、除沙尘及杂质等的滤清装置来净化空气。这些滤清装置的工作原理大多是利用惯性力、紊流扩散、微粒与过滤表面接触时产生的黏着力为基础来实现空气净化的，我们目前广泛使用的气水分离滤清装置也几乎全是使用这个原理。

　　为了分离极微小颗粒也可施加一个电场收集系统，使这个电场收集系统里的粒子带电，然后，带电粒子因带电板的吸引和排斥作用而被迫离开流道。这种静电式分离器曾在国外某型集装船上用作三级滤清装置的第二级，使用效果良好。但因其重量、尺寸大，且对电绝缘的要求高，要求流速要低，因此除非是确实需要，一般不使用它。

　　燃气轮机吸入的最主要的一种污染物是盐，它通常以气溶胶形式存在。盐的主要腐蚀成分是海洋中的氯化物盐——氯化钠，它主要来源于海洋和内地的盐碱地区。它的形成主要是因为风引起海面扰动，以及涨、落潮时海水间相互冲击和海浪拍击海岸，致使很多海浪粒子被拖入空中，水分蒸发后，留下一些极小的盐粒，在大气团的平流和紊流交换作用下，这些盐粒在空气中散开来，并随风流动形成沿海地区盐雾。

盐雾对金属材料表面的腐蚀是由于其含有的氯离子穿透金属表面的氧化层和防护层与内部金属发生电化学反应引起的。同时，氯离子含有一定的水合能，易被吸附在金属表面的孔隙、裂缝中，它们排挤并取代氯化层中的氧，把不溶性的氧化物变成可溶性的氯化物，使钝化态表面变成活泼表面，造成对产品极坏的不良反应。海上盐雾弥漫，空气湿度大，空气潮湿不仅引起舰船发动机效能降低，还会加速机件腐蚀、老化，降低机件的使用寿命。

6.1　进气滤清装置的分类

进气滤清装置根据不同作用原理可分成三类。

（1）惯性型分离装置　在惯性型分离装置中，由于气流受到分离器表面几何形状的作用，其流速和方向发生变化，产生惯性离心力和哥氏加速度力，促使空气中的悬浮颗粒与空气分离。悬浮微粒的密度越大，当气流速度和方向发生变化时产生的惯性离心力和哥氏加速度力也越大，这有利于这些悬浮微粒与空气分离。

（2）扩散型分离装置　在扩散型分离装置中，微粒在其与过滤表面接触时所产生的紊流脉动、惯性和黏着力的作用下沉积在过滤元件上。

（3）其他型分离装置

1）静电型分离装置。该装置利用粒子在电场中的电离使粒子凝聚并沉积。静电型分离装置内的电压可达 20000V，用于 1kg/s 空气流量的能量达 1.0kW，它能捕获尺度达 $0.001\mu m$ 的最为微细的粒子。这种分离装置的优点是在流速≤1m/s 下有极高的净化率，达 99.99%，其阻力与流速近似成正比；缺点是重量和尺寸大，且对电绝缘的要求高，要求流速要低，一般在舰船领域很少采用。

2）声振型分离装置。为了凝聚并沉积细小、分散的粒子，可利用强烈的声振和超声振动，振动强度大大超过人耳的痛感阈值，尺度 $4\sim8\mu m$ 粒子在很大程度上会被凝聚。当声强为 $0.1\sim1W/cm^2$ 时，这种粒子的凝聚时间相应为 $20\sim6s$。实验表明：最佳频率与粒子的浓度和声强无关，而是由粒子的初始尺度确定。声学凝聚器在燃气轮机的分离装置中未得到应用。

分离装置分类如图 6-1 所示。

图 6-1 共列出 15 种分离器，它们在实际中并不是单独使用的，而是根据需要组合成不同的滤清装置。因为惯性型分离器能以高的效率和低的压降来分

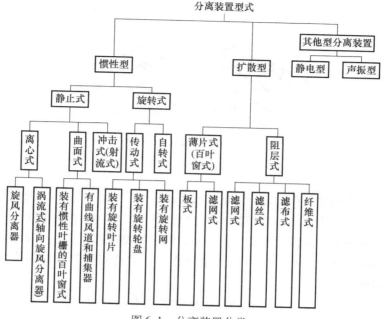

图 6-1　分离装置分类

离较大的粒子，处理的粒子尺寸可以低至 $5 \sim 10 \mu m$，因而通常作为预过滤级。然而，高效率是在一些最佳情况下获得的。若在较低的气流速度下，因粒子没有足够的离心力，分离效率会降低。同样，在较高的气流速度下，也将因扰动过大、粒子重返而使效率降低。扩散型分离器的主要发展方向是阻层式材料分离器，它能分离尺寸小、质量小的颗粒，然而阻力较高；若要阻力小，流速就要减慢，这样过滤面积必须较大。因此，一定要根据环境状态、发动机对空气品质的要求及对进气滤清装置的阻力限制进行综合分析，然后确定选用哪几种分离器或组合型分离器。

6.2　不同分离器部件

6.2.1　叶片式惯性分离器

各种形式的气水分离器不外乎由惯性分离器和网垫式分离器组成。目前，设计体积小、质量小、分离效率高、压力损失低的高性能气水分离器的关键，在于优化惯性分离器和网垫式分离器各自的结构和材料，提高它们各自的性能，使其能在高气流速度下分离效率高而压力损失低。然后根据它们的性能特点，合理地进行匹配，克服它们各自的缺陷，以达到最佳性能。

惯性分离器广泛使用的形式为带钩折板叶片式，如图6-2所示。

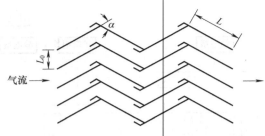

图6-2　带钩折板叶片式惯性分离器

惯性分离器的工作机理是强迫气流在流道中多次改变方向，使气流中的雾滴在离心力的作用下离开气流撞击在分离器叶片上，并聚集在叶片上形成水膜，水膜吸附雾滴并沿着叶片向前移动，遇到钩槽被截留，并依靠重力汇集于分离器下面的疏水槽内，由排水管道排出。它的特点是需要有较高的进气流速，分离容量大。

惯性分离器的性能与气流速度和盐雾颗粒大小有关。盐雾颗粒尺寸越大，流速越高，则分离效率越高，见表6-1。这是因为，一方面附着在叶片上比较小的雾滴易被气流重新带走；另一方面颗粒跟随流线的性能随颗粒受到的阻力的增大而变差，根据斯托克斯推导的气流中颗粒所受阻力的表达式：

$$F_{\mathrm{D}} = C_{\mathrm{D}} \pi \rho v^2 d^2 / 8 \tag{6-1}$$

式中　C_{D}——阻力系数；

　　　d——颗粒直径（m）；

　　　ρ——空气密度（kg/m^3）；

　　　v——空气流速（m/s）。

表6-1　惯性分离器分离效率　　　　　　　　　　（单位:%）

盐雾颗粒尺寸/μm	空气流速/（m/s）				
	4.57	6.09	7.61	9.13	10.65
0~1	—	—	—	—	—
1~2	—	—	—	—	30
2~3	0	0	0	30	40
3~4	0	0	30	40	50
4~5	0	30	40	50	60
5~6	30	40	50	60	70
6~7	40	50	60	70	80
7~8	50	60	70	80	90

（续）

盐雾颗粒尺寸/μm	空气流速/(m/s)				
	4.57	6.09	7.61	9.13	10.65
8~9	60	70	80	90	99.9
9~10	70	80	90	99.9	—
10~11	80	90	99.9	—	—
11~12	90	99.9	—	—	—
>13	99.9	—	—	—	—

斯托克斯阻力随气流速度或颗粒直径的增大而增大。

但气流速度越高，气水分离器的流阻损失也将明显增加。

惯性分离器的性能除与盐雾颗粒大小和气流速度有关外，还与其结构形状有关。带钩折板叶片式惯性分离器的结构参数有转折角 α、臂长 L、叶片间距 L_0，以及钩槽的结构、位置。

转折角 α 越大，分离效率越高，这是因为折角大的惯性分离器内流线转角变化大，使颗粒偏离流线的距离大从而易被捕集。但是，α 越大，叶片间的流道的涡流损失也越大，从而造成流过分离器的压力损失几乎和 α 成正比增加。因此，只能在一定的范围内增加转折角来提高分离效率，转折角 α 的选择范围为 $90° \sim 120°$。

分离效率和压力损失随着 L/L_0 的增加存在着最佳值。对于转折角为 $120°$ 的叶片式惯性分离器，当 L/L_0 在 2.0 附近时，分离效率最高；L/L_0 在 $2 \sim 3$ 之间时，压力损失取得最佳值。

钩槽主要是避免聚集在壁面上的液膜被吹散而重新进入气流，起到疏水的作用；同时由于流线受其扰动而弯曲加剧，因而提高了流道的捕集效率，从而提高了分离器的分离效率。但是，疏水槽也有副作用：一方面由于其对气流的扰动增大了压力损失；另一方面，当气体流速由低速增加到一定值时，疏水槽会引起液膜破裂，使液体被气流重新夹带吹走，从而降低分离器的分离效率。

在带钩折板叶片式惯性分离器中，钩槽的存在在一定的速度范围内提高了分离效率，但高流速下，压力损失将急剧增加，并且分离效率随着液膜的破裂而下降。因而，钩槽限制了惯性分离器性能的进一步提高。为此，必须进一步优化惯性分离器的结构，以提高其效率和降低其压力损失。美国 Peerless 制造公司的一种高性能折板叶片式惯性分离器的结构也采用了由折板形成的"之"字形流道，但是在形成流道的折板的每块臂板上都有两个疏水腔，并且每个疏水腔在迎气流方向开口，每个开口在臂板高度上沿与气流方向垂直的方向延伸。这种惯性分离器叶片组件的形式如图 6-3 所示。

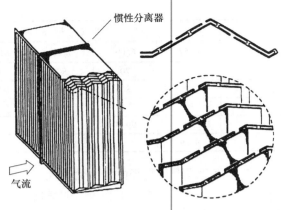

图 6-3　惯性分离器叶片

6.2.2　旋风式惯性分离器

除上述常规的叶片式惯性分离器外，还有旋风式惯性分离器。旋风式惯性分离器同样是利用微粒的动量、重力、离心力和撞击等物理原理，在流道的折转旋流过程中，根据不同相态物质之间的物理量差异把杂质从气流中滤除。灰尘和水滴的动量比空气大，难以改变运动方向，因此当空气从旁路流出时，其中的灰尘和水滴继续沿原方向前进，从而被滤除。

旋风式惯性分离器利用空气高速旋转时所产生的离心力，将粉尘和液滴从气流中分离出来，如图 6-4 所示。空气中的较重颗粒在离心力的作用下被甩向器壁，颗粒一旦与器壁接触，便失去惯性力，沿壁面下落，进入排出管，并落

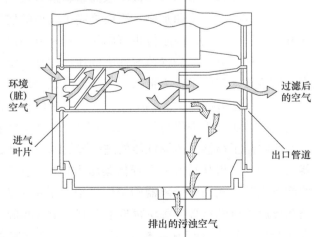

图 6-4　旋风式惯性分离器工作原理

入收集袋中。旋转下降的外旋气流，在下降过程中不断向分离器的中心部分流入，形成向心的径向气流并进入燃气轮机。旋风式惯性分离器可以有效地滤除空气中的水滴和固体颗粒。随着气流速度的增加，压力损失增大，过滤效率提高。旋风式惯性分离器的压力损失范围为 $1 \sim 1.5\text{mmH}_2\text{O}$。旋风式惯性分离器的压力损失比旋叶式惯性分离器的大，并且在入口处需要较大的空间。旋风式惯性分离器的生产已经实现模块化，可以铸造或者机械加工成形。

设计良好的惯性式分离器能够滤除空气中 99% 的直径大于 $10\mu\text{m}$ 的颗粒，因此可以有效地防止由这些颗粒引起的腐蚀。惯性式分离器是过滤系统中最主要的过滤设备，通常会安装在高效滤清装置之前。

6.2.3　网垫式分离器

在盐雾颗粒小和气流速度低时，惯性式分离器分离效率低，而且在高速流动时水膜会破裂造成颗粒重新进入气流。而网垫式分离器由众多细丝形成巨大的表面积，对小颗粒有很高的分离效率，这刚好弥补了惯性式分离器的不足。因而，除早期简单的气水分离器外，进气装置均采用惯性式分离器和网垫式分离器相组合的组合式气水分离器。

网垫可用不锈钢丝、蒙乃尔高强度耐蚀合金丝、镍铬铁合金丝、聚丙烯及其他材料编织而成。早期的网垫用聚丙烯纤维丝编织而成，其耐蚀性、强度、寿命均不如采用蒙乃尔合金丝编织而成的网垫，而且聚丙烯网丝线股较粗，分离效率不如蒙乃尔合金网丝，每隔 $4 \sim 5$ 年需更换一次。

网垫对盐雾颗粒具有分离作用是因为盐雾颗粒绕过网丝流动时沉淀在网丝表面上，这种沉淀大体有三种机理：截留、惯性碰撞和扩散。在单弥散系统中，网垫的分离效率为

$$\eta_\text{p} = 1 - e^{-0.212\eta\alpha t} \tag{6-2}$$

式中　η_p——网垫对于某一特定尺寸盐雾颗粒的分离效率；

η——单丝对于某一特定尺寸盐雾颗粒的分离效率；

α——网垫中心的总表面积与网垫总体积的比值；

t——网垫的厚度（m）。

网垫的分离效率随单丝效率的提高而增大。提高斯托克斯数可以提高单丝的分离效率，斯托克斯数随盐雾颗粒的直径、密度和气流速度的增加而增加，随丝径 D 和气体黏度的增加而减少。斯托克斯数的计算公式为：

$$斯托克斯数 = d^2\rho u/(9\mu D)$$

式中　D——盐雾颗粒的直径（m）；

u——气流速度（m/s）；

ρ——气体的密度（kg/m³）；

μ——气体的动力黏度（Pa·s）。

网丝的直径越小，网垫的分离效率越高，同时网垫的阻力也增加。但若丝的直径太小，几个盐雾颗粒被同一根丝捕捉的机会大大增加，小的颗粒将易于凝聚成大颗粒，直径达到 8μm 以上，从而作用在其上的气动力将增大，因而颗粒易被重新夹带入气流。这正是以往的三级气水分离器的工作机理。以往的三级气水分离器采用以直径 25μm 或更小的纤维丝编织的网垫，也因此需要增加第三级用以捕捉重新夹带入气流的凝聚的大颗粒。不过实际上，小颗粒凝聚的程度，即由 2 ~ 4μm 凝聚成 10μm 以上的颗粒的程度并不严重，为 3% ~ 5%。因此，以往的三级气水分离器增加第三级，虽然在一定程度上提高了分离效率，但压力损失、体积和质量却增加了许多。

在新型的二级气水分离器中，网丝的直径取得稍大，为 25 ~ 152μm，最好为 50μm 左右。这是因为，在通常情况下，气流通过 25μm 丝径的网垫不发生凝聚的流速要大于 18.3m/s，而这将造成不可接受的压力损失，所以选择的丝径最小为 25μm。152μm 丝径的网垫，2 ~ 13μm 的盐雾颗粒通过时均不会发生凝聚，但对盐雾颗粒的捕捉效率较低，所以它是可选择丝径的上限。这样，选择合适丝径的网垫，并使气流速度大于该丝径不会发生凝聚的临界速度，使盐雾颗粒很难发生凝聚。由于盐雾颗粒不会发生凝聚，所以没有必要在网垫后增加第三级惯性级，这样就减小了气水分离器的质量、尺寸和成本。

网垫的分离效率除和单丝的分离效率有关外，还与网垫的厚度 t 和网垫的总表面积与网垫的体积的比值 α 有关。从物理过程分析，随着 α 的增加，颗粒与网丝碰撞的机会增大，从而被捕集的概率也就增大；随着厚度 t 的增加，透过网垫的盐雾颗粒越来越少，因而网垫的分离效率越高。但是，α 和 t 不能无限制地增加，这是因为：一方面当 α 和 t 增加到临界值时，网垫的分离效率不会增加，甚至会减小；另一方面通过网垫的压力损失与 $\alpha^2 t$ 有关，随着 α 的增大，压力损失会急剧地增加。网垫的厚度 t 是决定网垫体积的一个参数，因而增加网垫的厚度可减小压力损失，但网垫厚度增加到临界厚度后，压力损失也将升高，并且体积尺寸上也不允许。α 值应在 147.6 ~ 593.2m⁻¹ 范围内，最好在 246 ~ 656m⁻¹ 之间，网垫的厚度最好在 50 ~ 127mm 之间。

　　早期的三级气水分离器采用的是聚丙烯网垫，α 值约为 5905.5m^{-1}。美国汉密尔顿标准公司改进后的三级气水分离器，其网垫由金属丝编织而成，许多层丝网叠在一起并压成波纹形。而 PSI-1050 系列两级气水分离器，其网垫由采用蒙乃尔合金丝编织的网构成，网被压成波纹形，并方向交错地叠在一起，这样给网间提供了一定的间隙和缓冲，对于给定层数的网垫将增加网垫的厚度，从而提高了分离器的分离效率并减小了其压力损失。同时，波纹形网垫在气流的冲击下不易变形。图 6-5、图 6-6 所示为 PSI-1050 系列两级气水分离器的结构原理及网丝编织法，其网垫式分离器的厚度大约为 76mm，由 70 层直径为 50μm 的蒙乃尔合金丝编织而成，每英寸（1in = 25.4mm）丝上有 10 ~ 12 个结点，α 约为 275.6m^{-1}。二级气水分离器与以往的三级气水分离器相比，相同厚度的网垫，气流流过的压力损失显著降低。因此，在二级气水分离器中，在同样的压力损失条件下，气流的流速可以比三级气水分离器设计得大，从而减小了气水分离器的尺寸和质量。

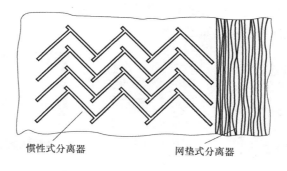

图 6-5　两级气水分离器结构原理

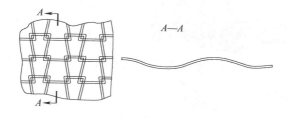

图 6-6　网垫式分离器网丝编织法

　　上述的网垫式分离器的网丝都是单一直径的，由于不同直径的单丝的分离效率、凝聚能力和对压力损失的影响不同，因而这种网垫式分离器由于网丝直径的不同性能也不一样，并且有着局限性。近年来，出现了多丝径网垫式分离器，它是根据不同直径丝网的性能特点，将多种直径的丝网按设计要求合理地组合在一起，具有单丝网垫式分离器无法达到的性能。

丝网网垫式分离器的捕雾原理主要有三种：惯性捕集、直接碰撞分离和扩散分离。但是研究表明，惯性捕集是丝网网垫式分离器的主要分离方式。液滴被捕获以后并不会马上就沿丝网流下，而是继续粘在丝网上，并且在丝网上它还会粘住一些流过它附近的小液滴，这样小液滴就会越积越大。由于表面张力及毛细管作用，小液滴沿着细丝流到两根丝交汇处的缝隙，当它积聚到自身重力大于丝网作用在液滴上的力的时候，才会沿网丝流下。

6.2.4 非织造材料分离器

除上述编织滤网式网垫外，随着高分子材料技术的发展，越来越多的网垫式分离器采用了非织造过滤材料，典型的成形工艺如粘合法、针刺法、熔喷法、纺粘法、热风法等，其纤维更加细小，过滤性能进一步提高。由于非织造过滤材料具有很好的成形性，可以制作成袋式、折褶板式、筒式等不同结构（见图6-7），大大扩大了过滤面积，降低了过滤流速，提高了过滤性能。低效和高效过滤器过滤纤维对比如图6-8所示。

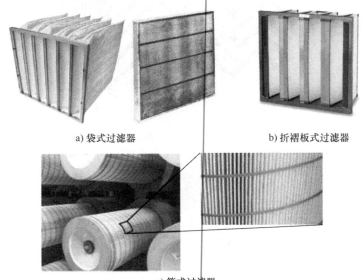

a) 袋式过滤器　　　　　　　　　　b) 折褶板式过滤器

c) 筒式过滤器

图 6-7　非织造材料分离器

筒式高效过滤器的容尘能力比矩形高效过滤器的大。过滤器可以采用超细玻璃纤维纸作为滤料，采用胶版纸、铝箔板等可折叠材料作为分割板，采用新型聚氨酯密封胶密封，并用镀锌板、不锈钢板和铝合金型材制造外框。

图 6-8　低效和高效过滤器过滤纤维对比

6.3　多级过滤系统

空气中的杂质既有大颗粒也有小颗粒，因此，如果只使用一级滤清装置，则大小颗粒杂质会很快堆积在过滤介质表面，引起压力损失和滤清装置负荷的增加。多级过滤系统通过有效布置不同性能的滤清装置来获得更高的过滤效率和使用寿命。通过粗、中和高效过滤的组合，合理分配气动阻力指标和过滤负荷，达到梯度过滤和分级过滤的目的。

船用燃气轮机进气滤清装置的发展经历了单级分离、二级分离和三级分离等几个阶段。单级丝网凝聚分离器在液滴尺寸较小（$2 \sim 10 \mu m$）和风速较小（$3 \sim 6 m/s$）时有良好的分离效果，在液滴尺寸较大和风速较大时分离效果很差，而单级惯性式气水分离器的特性恰恰相反。正是由于单级丝网凝聚分离器和单级惯性式气水分离器的特点以及它们在分离效果上的互补性，人们开始研究二级进气滤清装置。二级进气滤清装置由一个丝网凝聚分离器和一个惯性式气水分离器组成，后者作第一级，它可以除去大量的海水和大的盐雾液滴，丝网凝聚分离器则负责除去较小的盐雾液滴，它捕获并凝聚小的液滴使之越变越大，最后由于重力的作用，大的液滴顺着丝网汇聚到凝聚分离器的底部，从而大大减少了进入燃气轮机压气机的盐雾液滴。二级进气滤清装置的分离效果比单级的有十分明显的提高。

在二级进气滤清装置中，第二级凝聚分离器起的作用主要是凝聚液滴，在其后和下游还可能有较大的液滴，所以还需要另外一个惯性式气水分离器才能有更好的分离效果，这就提出了由前惯性式气水分离器、丝网凝聚分离器和后惯性式气水分离器组成的三级滤清装置的概念。随着对滤清装置的研究越来越深入，滤清装置的过滤效果和性能趋于完善，根据不同场景和要求设计的多级过滤系统已经成为国内外海军舰船进气装置的主流形式。

图 6-9 所示为国外 Altair 公司设计的典型三级过滤系统，已经广泛应用到多型国外海军舰船上。

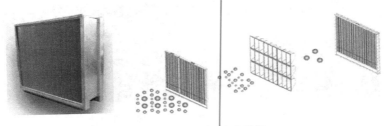

图6-9　典型三级过滤系统

6.4　进气滤清装置的设计与选型

在购买燃气轮机时，应要求供应商同时提供一系列燃气轮机入口空气质量标准。用户在使用进气滤清装置时至少应该遵守这些标准，同时尽量取得初始成本、过滤效率（燃气轮机性能许用损伤程度）、压力损失（压力损失对燃气轮机系统性能影响）之间的平衡。

下面是安装在美国海军舰艇上的GE公司生产的LM2500船用燃气轮机安装设计手册（MID-IDM-2500-18）中的入口空气质量规定的示例：

（1）固体颗粒含量　在95%的操作时间内，吸入的每立方英尺[⊖]空气中的固体颗粒不能超过0.004粒（0.0076ppm）；在5%的操作时间内，吸入的每立方英尺空气中的固体颗粒不能超过0.04粒（0.076ppm）；燃气轮机入口直接暴露在环境中的累积操作时间不得超过48h，并且全年内吸入的每立方英尺空气中的固体颗粒不能超过0.1粒（190ppm）。

（2）水　进入燃气轮机的水分不能超过入口空气的0.5%。

（3）盐分　含盐气溶胶过滤效率：进入燃气轮机空气中的海盐最大浓度不能超过0.01ppm（平均浓度不超过0.0015ppm）。

仅根据上述规定中的数值并不能确定LM2500型燃气轮机进气过滤系统的效率，还需要确定过滤系统上游环境中的污染物种类以及含量。

舰船燃气轮机进气过滤系统的主要作用是滤除空气中的海水和盐分。另外，由于船舶会在一定时期内停靠在近海的港口，因此，近海空气中的灰尘及其他杂质也是需要考虑的污染物。与其他环境中的燃气轮机进气过滤系统不同，舰船燃气轮机的过滤系统的尺寸和质量受到严格限制。由于舰船上的操作空间有限，很多情况下需要施加不合理的设计限制，这就会牺牲燃气轮机的性

⊖　1ft = 0.3048m。

能。从长远来看，这些限制会导致燃气轮机性能下降，运行和检修成本增加，因此需要协调进气过滤系统性能和燃气轮机性能之间的关系。

6.4.1　海洋进气污染物及滤清装置

海水和盐分是海洋空气中最主要的污染物。当舰船在海洋环境下运行，受湿度、温度、气流速度和进气口高度等因素影响，燃气轮机进气系统进气口面临的空气含盐环境呈现出盐雾气溶胶（低浓度、高浓度或饱和盐溶液微小液滴悬浮态）、盐晶（干或湿）等不同形态，这些不同形态的含盐粒子随空气进入进气系统，使进气系统流场表现为典型的含盐气液多相耦合流动。

燃气轮机应用在海洋环境下，盐分是最突出的威胁。盐以结晶还是以盐雾液滴存在，则取决于最初的相对湿度。湿度低时，微小液滴会蒸发失去水分成为盐晶，湿度在 40～70% 之间时空气中可能液滴和盐晶并存，而湿度大于 70% 时盐分则以盐雾液滴的形态出现。

可以以燃气轮机入口的安装高度、朝向和位置等设计变量来确定气溶胶的尺寸和浓度。燃气轮机入口安装高度会显著影响需要从空气中滤除的海水和气溶胶的量。随着安装高度的增加，空气中海水和盐分的浓度和尺寸会降低。然而，这个安装高度并不是一成不变的，会随着海况不同而改变，在海啸发生时，燃气轮机的入口会非常接近海水。如果预期浪高较高，则应采用轴向叶片分离器。在任何状况下，应将燃气轮机入口安装在尽可能高的位置，同时还应考虑舰船的设计特征，例如空间限制、舰船结构和其他关键系统的安装要求。

燃气轮机的入口朝向会影响过滤系统的负荷。相关研究表明，如果入口安装在距离海面15m高的位置，那么入口朝向不会对过滤系统的负荷产生显著影响。然而，如果入口高度低于15m，合理的入口朝向会降低吸入空气中的海水和盐分含量。例如，当入口朝向舰船前进方向时，受舰船喷溅的影响，过滤系统的负荷会增加。

最后，燃气轮机入口位置也会对过滤系统的负荷产生影响。很多相关研究都分析了风向以及入口位置对过滤系统负荷的影响。研究表明，受背风漩涡的影响，舰船背风侧入口过滤系统的负荷比迎风侧高出 2.5 倍（见图 6-10）。为了减小这种漩涡效应，可将燃气轮机入口伸入舰船上的某一侧或者在入口外侧安装一个封闭的操作平台。调查数据表明，当入口的伸入距离大于两倍的安装高度时，可以显著降低背风漩涡效应。为了最大限度地减少燃气轮机入口过滤系统的负荷，应将燃气轮机入口安装在距离海面尽可能高、距离甲板尽可能远的位置，同时在入口处应采用相应的遮挡装置来降低风的影响。

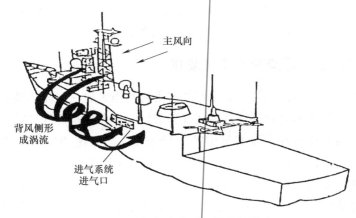

图 6-10　舰船在背风侧涡流的影响

　　滤除盐分是海洋燃气轮机进气过滤系统的首要任务。然而，当舰船长时间在海岸附近或者灰尘含量较高的环境中运行时，舰船燃气轮机进气过滤系统还需要滤除灰尘。这些灰尘可能来自沙尘暴或燃油设施，两者都会对燃气轮机安全运行产生影响。另外，也有一些沙尘来自当地的沿海地带，特别是在沿海沙漠和干旱地区，例如波斯湾。在这种地区，风会将沙尘从 200 英里[⊖]远的陆地吹到海边。图 6-11 所示为撒哈拉沙漠的尘埃被风吹到非洲海岸的状况。安装前置分离器可以清除直径较大的灰尘，然而对于细粉尘，则需要采用其他的过滤设备。

图 6-11　内陆沙尘被风吹到非洲海岸

　　目前，船舶上最常用的过滤系统是由惯性叶片式分离器、凝聚式网垫分离器、惯性叶片式分离器组成的三级过滤系统。这些都是能够滤除水滴和气溶胶

――――――――――

　　⊖　1mile = 1.61km。

中盐分的高效高速滤清装置。第一级惯性叶片式分离器用来滤除来自船舶尾流、波浪、雨水和降雪的水，以防止下级凝聚式网垫分离器过载。凝聚式网垫分离器将空气中较小的水滴聚结成大的水滴，这些水滴要么被排出，要么被重新引入气流。凝聚式网垫分离器也能够滤除灰尘、盐晶，通常是由非织造聚酯或类似材料制成。过滤中被高速气流夹带重新返回气流的大液滴被最后的惯性叶片式分离器滤除。海洋燃气轮机进气过滤系统中安装的这类能够除水和除盐的滤清装置，降低了入口空气中水分和盐分的含量，从而保护了燃气轮机。

舰船以保障作战为第一要务，即使在极端恶劣环境中也可能需要高速前进，因此在很多时候，会牺牲燃气轮机性能来维持舰船的运动。舰船上通常会安装多个备用燃气轮机，以防止其中任何一个燃气轮机发生故障。当燃气轮机进气过滤系统发生堵塞、损坏或压力损失过大时，不一定需要关闭燃气轮机。当过滤系统的上述故障发生时，安装在进气过滤系统旁路上的应急旁通门会自动打开，大量未经过滤的空气就会被燃气轮机吸入，以保证燃气轮机能不间断进气。

由于盐分的存在，舰船燃气轮机进气过滤系统的壳体必须采用防腐材料或者进行防腐处理。不锈钢、耐蚀性较好的铝和带有防腐涂层的碳钢是通常使用的材料。受燃气轮机安装位置的影响，进气过滤系统和进气道曲折多变，这就会引起较大的空气动力学压力损失，因此，应尽量缩短进气管路的长度，减少弯道的数量。舰船上为进气过滤系统预留的安装空间通常是有限的，这在一定程度上限制了进气过滤系统的管路优化，因此，压力损失也被限制在一定范围内。同时，应该保证进气过滤系统管道入口截面上的进气速度分布均匀，否则，分离器可能会发生过载，而不能充分滤除空气中的小的颗粒。另外，速度分布不均匀也会增大压力损失，引起压气机入口流场畸变等。

尽管滤除盐分是舰船燃气轮机进气过滤系统的首要任务，但同时也需要考虑除尘和防结冰等要求，在设计和优化舰船燃气轮机进气过滤系统时需要考虑以下问题：

1）预期工作环境中盐分、水分和灰尘的滤除。

2）寒冷环境中运行的舰船，设置旁路系统来保持燃气轮机不间断运行和提供防结冰保护。

3）进气口应尽量朝向船尾、船内侧或伸入船内部，并设置外部保护装置，这些措施能够有效降低入口空气中水分和盐分的含量。

4）避免其他装置排出的尾气被燃气轮机吸入。

5）保持整个过滤系统的进气速度均匀分布。

6）过滤设备应该与舰船寿命相同。

7）在满足寿命、使用环境要求的前提下，选择合适的材料来尽量降低过滤系统中各部件的质量。

8）尽量减少过滤系统中各部件的维修、清洗，减小其更换频率。

9）尽可能采用体积较小的高速过滤系统。

海洋环境的复杂性决定了进气滤清装置除需要除水除盐外，还要去除其他固态颗粒物杂质。尤其是针对在近海、沿海或可能遭受沙尘暴影响海域运行的船舶，需要开展除固态颗粒物进气滤清装置的设计选型和试验验证。这部分滤清部件的设计和选型可以充分借鉴陆用燃气轮机进气过滤系统（见图 6-12）的设计和选型经验。

在设计燃气轮机进气过滤系统时，首先要明确需被清除的杂质，理解燃气轮机进气过滤系统各类特征参数，以及环境对这些参数的影响，然后对燃气轮机进气过滤系统进行选型或设计。在设计燃气轮机进气过滤系统时所面临的挑战是：如何在较小的压力损失下得到符合洁净度要求的清洁空气。为了有效地清除空气中不同组分、不同粒径、不同状态（固态和液态）的杂质，往往需要多级过滤。对于滤除较细颗粒的滤清装置，需要根据实际工况确定设计参数，根据进气系统预期工作环境来选择滤清装置的类型，同时还要考虑海况、风向、运动引起的空气流场变化。此外，还需要考虑预期操作工况和燃气轮机的可用安装空间、所需过滤速度、燃气轮机入口空气允许压降、允许的透过颗粒的尺寸、过滤效率（含除盐效率）、滤清装置的容尘能力、滤清装置的过滤负荷（表面和深度）以及运行环境的湿度。

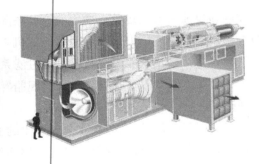

图 6-12 陆用燃气轮机进气过滤系统图

燃气轮机进气过滤系统的设计和选型，不是一项简单的空气净化技术，要根据不同的用户环境和不同的运行方式，选择不同型式的进气过滤系统。在选择和设计燃气轮机进气过滤系统的过程中，需根据燃气轮机的具体操作要求

（效率、压降、迎面风速、过滤负荷），慎重考虑过滤系统的各类特征参数。

6.4.2　过滤效率及滤清装置分级

燃气轮机进气滤清装置因为流量大、流速高、进气环境复杂等因素，与一般通风用过滤器不同，但是在国内外还没有建立起专门的燃气轮机进气滤清装置测试标准之前，大多数行业从业者还是在采用或借鉴一般通风过滤器的相关测试标准。

过滤效率是指在过滤过程中被滤清装置捕集的污染物的量与污染物的总量之比，通常以颗粒物的重量、体积、表面积或个数之比表示。相应地，过滤效率有计重效率、体积效率、表面积效率以及计数效率之分。因此，简单地讲过滤效率达到多少是没有意义的，因为它与试验颗粒物直径和测试方法直接有关。

我国对过滤效率的划分与国际主要相关标准对比如图 6-13 所示。

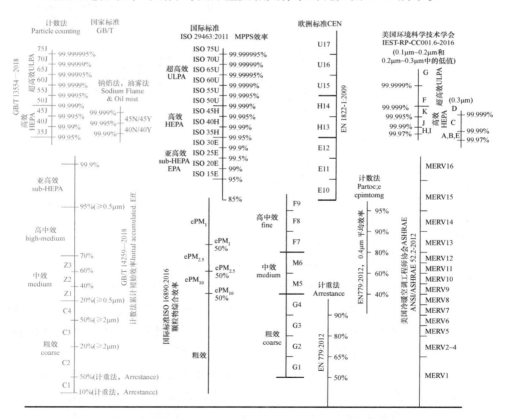

图 6-13　我国对过滤效率的划分与国际主要相关标准对比

79

表 6-2 为普通空气污染物以及推荐使用的过滤系统等级。

表 6-2　普通空气污染物以及推荐使用的过滤系统等级

颗粒尺寸	ASHRAE 滤芯等级 MERV	EN 滤芯等级	过滤的颗粒
大于 10μm 的粗颗粒	1	G_1	树叶、昆虫、纺织物纤维、沙粒、飞灰、雾滴、雨滴
	2	G_2	
	3	G_2	
	4	G_2	
	5	G_3	花粉、雾水、夜雾
	6	G_3	
	7	G_4	
	8	G_4	
	9	G_4	
大于 1μm 的细颗粒	10	M_5	孢子、水泥灰、沉降性灰尘
	11	M_6	云、雾
	12	M_6	
	13	F_7	团聚的炭黑
	14	F_8	金属氧化物的烟（如电焊产生），机油油烟
	15	F_9	
大于 0.01μm 的微细颗粒　有效（EPA）和高效（HEPA）滤芯；超高效滤芯（ULPA）	16	E_{10}	金属氧化物的烟，炭黑，盐雾，油烟
	16	E_{11}	
	16	E_{12}	初始阶段的机油油烟，气溶胶微颗粒，放射性气溶胶
	—	H_{13}	
	—	H_{14}	
	—	U_{15}	气溶胶微颗粒
	—	U_{16}	
	—	U_{17}	

对于一个过滤系统而言，过滤效率是其核心参数。但是过滤系统的其他特性参数如压力损失、过滤流速、容尘量等，往往是与其密切联系甚至是互相制约的，设计一个过滤系统实际上是在各特性参数之间取得平衡。

过滤效率与滤清装置的压力损失和容尘能力有关。通常，滤清装置的压力损失会随着过滤效率的提高而增加，这是因为高效滤清装置的空气流道阻力较大。虽然高压力损失会降低燃气轮机的输出功率，但研究表明，高效率滤清装置的高压力损失对燃气轮机功率的不利影响远低于过滤不良带来的影响。

滤清装置的过滤效率与颗粒尺寸和气流速度有关。滤清装置在滤除大直径颗粒时效率较高，在滤除小直径颗粒时效率较低；中低速度的滤清装置在过滤高速气流时效果很差，反之亦然。比如，在过滤体积流量为 $3000 \text{ft}^3/\text{min}$，所含颗粒直径大于 $5\mu\text{m}$ 的空气时，一台滤清装置的过滤效率为 95%；当这台滤清装置用于过滤体积流量为 $4000 \text{ft}^3/\text{min}$，所含颗粒直径小于 $5\mu\text{m}$ 的空气时，过滤效率会降低到 70%。因此，在给定滤清装置的过滤效率时，应该指明颗粒直径和空气流速。

在选择滤清装置时，应以同类效率作为指标来对比不同类型的滤清装置，因为不同类型滤清装置的过滤效率的数值差别很大。例如，如果空气中含有 101 个密度相同的球形颗粒，其中 100 个颗粒的直径为 $1\mu\text{m}$，1 个颗粒的直径为 $10\mu\text{m}$，而滤清装置只能拦截 $10\mu\text{m}$ 的颗粒，则滤清装置的计重效率（计重法）、比色效率（比色法）和计数效率（大气尘计数法）分别为 90.91%、50.00% 和 0.99%。

根据测试结果对滤清装置进行分级，不同国家的分级标准也是不同的。

6.4.3 滤清装置的压力损失

滤清装置的压力损失会随着过滤效率的提高而增加，并且滤清装置的压力损失直接影响燃气轮机性能。燃气轮机入口空气的压力降低会使燃气轮机的能耗增加，输出效率降低。图 6-14 为滤清装置的压力损失对燃气轮机输出功率和热耗率的影响。从图中可以看出，随着压力损失的增大，输出功率降低，热耗率增加。

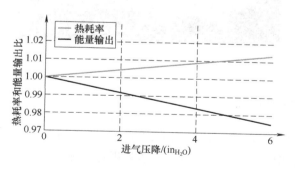

图 6-14 滤清装置的压力损失对燃气轮机输出功率和热耗率的影响

要根据滤清装置全生命周期内的最终压力损失来评估滤清装置性能。滤清装置的压力损失会随着滤清装置工作时间的延长而增加，因此，如果根据滤清装置的初始压力损失来选择滤清装置，则可能需要频繁地更换滤清装置来满足燃气轮机的许用压力损失要求。滤清装置的最终压力损失与滤清装置的种类和空气中污染物的含量有关。

滤清装置制造商采用降低滤清装置面风速的方法来减少滤清装置的压力损失。降低面风速可以减小黏滞力和节流效应，进而降低压力损失。增大滤清装置的迎风面积不仅可以减小面风速，还会使滤清装置捕获更多的杂质。另一方面，增大迎风面积也意味着需要占地面积更大的过滤系统，更多的过滤介质和更高的成本。然而，对于海上和沿海地区的燃气轮机进气过滤系统，由于体积、重量和空间限制，并不允许增大迎风面积，因而只能采用高速过滤系统。

除了增大迎风面积外，优化进气管路系统也可以降低滤清装置的压力损失。空气流道直径和方向的改变均会影响压力损失。在进气管路系统的优化设计过程中，计算流体力学（CFD）是非常有用的工具。根据 CFD 流场状态和压力损失计算结果，修改计算模型，降低流动速度和压力损失，确保各个过滤单元的容尘负荷的增加速度大致相等，从而在设计阶段完成进气管路系统的优化设计。图 6-15 为进气过滤系统管路流场 CFD 分析结果。

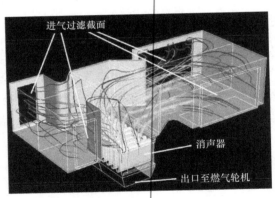

图 6-15　进气过滤系统管路流场 CFD 分析结果

6.4.4　滤清装置负荷

随着固态颗粒物在滤清装置上的累积，滤清装置的负荷缓慢增加，直到"饱和"状态。当滤清装置的压力损失达到规定值或运行时间达到检修期，则认为滤清装置已达到"饱和"状态。滤清装置有两种负荷方式：深度负荷和表面负荷。深度负荷是指颗粒在进入滤清装置内部后被捕获。对于这类滤清装置，要想恢复到初始压力损失，只能更换滤清装置，因此，这类滤清装置的寿命是根据所监测的压力损失来确定的。在使用深度负荷滤清装置时，要确定滤清装置的容尘量。容尘量大的滤清装置能捕获较多颗粒，压力损失增加缓慢。

捕获同等质量的灰尘时，容尘量小的滤清装置的压力损失较大。滤清装置的容尘量与滤清装置的材料、结构及颗粒的尺寸分布有关。

如果滤清装置入口条件较好，含尘量低，一般只需要容尘量小的滤清装置。对于中等和高浓度含尘空气及小粒径颗粒含量较高的空气，往往会使用容尘量大的滤清装置，以延长滤清装置的寿命，降低维修和更换成本。如果在燃气轮机定期停机检修期间更换滤清装置，则滤清装置在燃气轮机整个生命周期内的平均压力损失会降低，这有助于维持燃气轮机的性能。

对于表面负荷型滤清装置，颗粒在滤清装置表面被捕获。即使有少量的颗粒进入滤清装置内部，也不需要更换滤清装置。当压力损失达到一定水平时，可以用脉冲空气将表面积尘清除，所以，自清洗滤清装置是最常见的表面负荷型滤清装置。除此之外，还有其他类型的表面负荷型滤清装置。对于表面负荷型滤清装置，一旦其表面积尘被清除，压力损失则可恢复到初始状态。表面负荷型滤清装置的过滤效率会随着表面负荷的增加而提高，因为表面积尘在一定程度上可充当过滤介质。

6.5　滤清装置的更换、清洁和检查

滤清装置一般在达到使用寿命、压差达到额定值或满负荷后被更换。

水清洗是在进气滤清装置全寿命周期内清洗滤清装置的一种方法，水清洗可以恢复滤清系统由于受到污染而导致的部分性能下降。有两种水清洗方案：在线清洗和离线清洗。在线清洗是最方便的方法，因为它可以在燃机运行的情况下进行。然而，离线清洗则提供了更严密的清洁程序和去除在线清洗不能去除的污垢的方法。

检查测试包括测试滤清装置的强度、监测滤清装置的水过滤性能、测量滤清装置上污染物的种类和数量及估计滤清装置的老化程度。检查测试将为滤清工程师评估滤清装置在滤清系统中的工作状况提供依据。检查测试结果可用于确定不同的滤清装置是否应该被安装或什么时候应该更换滤清装置。这类性能测试可以确保由于空气质量导致的燃机磨损降到最低水平。

在滤清系统中应该定期进行以下几项检查以便确认滤清系统处于良好的状态，包括排水弯管或集水箱内的水位、排水系统柔性连接处及各连接处密封，对检查中发现的任何瑕疵应该被及时进行修复。此外，对滤清装置本身，在可能的情况下应尽量进行肉眼检查。在肉眼检查中能够发现全负荷或损坏的滤清装置，对这些滤清装置应该及时更换。

第 **7** 章

进气装置试验

7.1 概述

进气装置试验是燃气轮机进气装置设计过程中不可缺少的一个环节。它直接影响着燃气轮机的性能和运行的可靠性，也是验证进气装置设计优劣的一个重要手段。

试验通常分进气装置综合（全功能）试验和单项专门试验。其中，进气装置综合试验又分缩尺比模拟和全尺寸试验，单项专门试验有许多项目，如进气滤清装置专项试验、消声器模拟实验、进气状态监控模拟试验、防冰试验、清洗试验、可转动百叶窗加载试验以及电加热防结冰试验等。

目前，试验仍然是进气装置设计验证的主要手段，在进气装置研究中的地位非常重要。

7.2 进气装置试验内容

1. 进气装置综合（全功能）模拟试验内容

进气装置综合（全功能）模拟试验内容包括：

1）测定燃气轮机进气装置各部件如可调（或固定）百叶窗、进气滤清装置、消声器及整个进气装置在各规定工况下的进气特性。

2）进气滤清装置的气动和滤清性能测定。

3）气动（或液压）机械致动功能试验，进气状态监控和控制的功能试验，以验证进气装置设计性能和指标，保障实船燃气轮机稳定可靠的工作。

2. 进气装置单项专门试验内容

进气装置单项专门试验内容包括：

1）进气滤清装置及部件选型优化试验。针对不同应用环境对颗粒物过滤的需求，对惯性型、网垫型分离器的选型、组合及不同结构形式开展试验，测出气动阻力和分离效率（在各种气流速度下），为优化设计和选型提供数据参考。

2）进气消声器结构优化试验。主要针对不同进气消声器的气动性能和声学性能进行试验验证。这项工作往往是在通过仿真计算对若干方案进行试验比对和选优后开展的，对不同进气消声器的消声单元的结构参数（如单元厚度、数量、长度以及堵塞度，吸声材料厚度、密度，密封材料厚度和密封性，孔板的开孔率，以及孔板的固定方法等）进行验证选定。

3）防冰试验。主要包括对电加热防冰和引气防冰的性能进行验证。包括了电加热管和电加热密封垫的结构形式、材料、热效率的选定；进行引气防冰参数的确定，如引气量、引气压力和温度，喷口直径和喷气流速等。

4）清洗集管试验，验证所选水清洗集管结构布置形式和所选喷嘴的流量和压力，以及喷嘴喷水的覆盖面积是否满足进气滤清装置的要求。

5）进气装置及部件盐雾、霉菌、电磁兼容及抗冲击试验等。根据设计任务书要求开展相应环境试验。

6）其他试验，如百叶窗叶片静载荷试验、可调百叶窗叶片转动试验、自动门式气水分离器的锁紧装置试验、引气调节阀功能试验等。

3. 进气装置实物试验内容

进气装置实物（全尺寸）试验一般与燃气轮机陆上台架试验相结合进行，否则就很难进行试验，因为没有这么大的流量可用于试验。如果有条件进行全尺寸试验，则测出的气动特性和噪声特性以及压气机进口处的流场不均匀性最真实，不用修正。状态监控和机械致动机构的功能试验也接近实际情况，可验证它们的灵活性、准确性和可靠性。

7.3　进气装置模型试验

7.3.1　模型试验的模拟准则

气流模拟的基础是相似原理。在用模型进行进气装置的气动研究时，唯有遵循模拟条件，才能把试验结果转换到实物上。这些条件是用实物与模型之间的某些相似准则的方程式的形式来表示的。

对于进气装置，在遵守几何相似的条件下，必须保持下列三个准则相等：

首先要几何相似，即模型的相类似的线性尺寸应当比实物的相应尺寸大（或小）同样的倍数。要求模型和实物被流过的表面粗糙度也相似。

其次气流物理参数（速度、压力和温度）要相似，它是由一系列无量纲量来决定的。

1）雷诺数 Re：是惯性力与黏性力之比。计算公式如下：

$$Re = \frac{cl}{\nu} \tag{7-1}$$

式中　c——气流速度（m/s）；

l——特征长度（m）；

ν——运动黏度（m²/s）。

当气流在管道中流动时，可以将气流的平均速度或者管道轴线上的速度当作特征流速 c，管道的当量直径作为线性尺寸。

当雷诺数 Re 变化时，气流的结构和阻力的规律也产生变化。

当紊流流动时（$Re > Re$ 临界），管道表面的边界层遭到破坏。当 $Re > 10^5$ 时，可以视为流动是在自模拟区发生的。在这种情况下，在设计模型时，可以不用考虑 Re 数。

从式（7-1）中看出，加大模型尺寸比例就有可能增大 Re 数，从而达到获得自模拟流动区的目的。

2）马赫数 M：是表征气流压缩性的，它是高速气体流动的主要相似准则。马赫数计算公式如下：

$$M = \frac{c}{a} \tag{7-2}$$

式中　M——马赫数；

c——气流速度（m/s）；

a——气体中的声速（m/s）。

$$a = \sqrt{k\frac{p}{\rho}} = \sqrt{\frac{k}{m}RT} \tag{7-3}$$

式中　p——压力（Pa）；

T——温度（K）；

ρ——气体密度（kg/m³）。

对空气而言，气体常数 $R = 8314\text{J}/(\text{mol} \cdot \text{K})$，摩尔质量 $m = 28.9\text{kg/mol}$，绝热指数 $k = 1.4$，则空气流速计算公式变为：

$$a = 20.1\sqrt{T} \tag{7-4}$$

在很多情况下，为了确立流动的相似，可以不用马赫数而采用如下速度系数，计算公式如下：

$$\lambda = \frac{c}{a_{临界}} \tag{7-5}$$

对空气来说，临界速度 $a_{临界}$ 可以按如下简化公式来求：

$$a_{临界} = 18.3\sqrt{T} \tag{7-6}$$

M 和 λ 系数之间的关系可用下式联系起来：

$$M = \sqrt{\frac{\dfrac{2}{k+1}\lambda^2}{1 - \dfrac{k-1}{k+1}\lambda^2}} \tag{7-7}$$

或者

$$\lambda = \sqrt{\frac{\dfrac{k+1}{2}M^2}{1 + \dfrac{k-1}{2}M^2}} \tag{7-8}$$

当气流速度比较小时（$M < 0.35$ 时），流动可以视为自模拟化的。

3）斯特劳哈尔数 Sr：是表征由于速度场不均匀性而产生的加速度，计算公式如下：

$$Sr = \frac{fl}{c} \tag{7-9}$$

式中　f——代表不稳定性的特征频率（Hz）；

　　　l——特征长度（m）；

　　　c——气流速度（m/s）。

考虑到压气机转动所产生的不稳定性对进气装置中气流流动的影响很小，在大多数情况下，可以忽略这个准则的相似。大多数研究模型也可不保持雷诺数相等，因为试验是在压气机进口处的 $Re > 10^5$ 的自模拟化区进行的。

因此，用模型进行进气装置的气动研究时，可以只取 M 或 λ 作为气流在模型和实物中决定性的相似准则。

在研究气水分离装置时，除了通流部分的几何相似之外，还应遵循颗粒随直径相似，也要速度比 u/c^* 相等和质量流量浓度（或气水含水度）相等。在研究液滴破碎过程中，必须遵从韦伯数 We 相等的条件。韦伯数计算公式如下：

$$We = \frac{d\rho c^2}{\delta} \tag{7-10}$$

式中　d——液体直径，m；

　　　ρ——水的密度，kg/m³；

c——气流流动速度，m/s；

δ——表面张力系数，N/m。

在研究百叶窗式和板式扩散分离器的气膜分离现象时，$Re_{膜}$ 具有很重要的意义：

$$Re_{膜} = \frac{c_{膜}\delta_{膜}}{\nu} \tag{7-11}$$

式中　$c_{膜}$——膜的流量平均速度，对于旋转式分离器而言，$c_{膜}$ 为旋转表面的圆周速度；

$\delta_{膜}$——膜的厚度；

ν——运动黏度（$\mathrm{m^2/s}$）。

7.3.2　典型模型试验设施

1. 全功能样机综合模拟试验装置

燃气轮机进气装置全功能样机陆上综合模拟试验装置如图7-1所示。

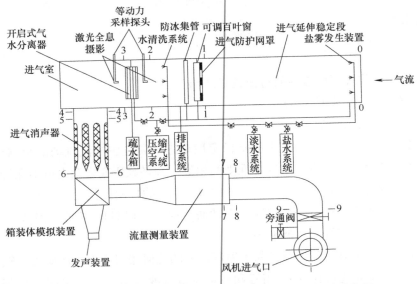

图7-1　燃气轮机进气装置全功能样机陆上综合模拟试验装置

该模型试验装置可以进行以下进气装置模型试验项目和内容：

1）气动性能试验：测定进气装置各部件，如可调百叶窗、燃烧空气和冷却空气气水分离装置、进气消声器及整个装置在各规定工况下的气动特性。

2）气水分离装置盐雾分离效率试验。

3）机械致动功能试验，进气状态监测和控制装置的功能试验。

4）初步测定进气消声器的声学特性，气水分离器对声学特性的影响等。

为模拟燃气轮机实际工作情况，全套试验装置按吸气式试验设计。燃气轮机进气装置全功能样机模拟试验件安装在气源的进气端，各试验件之间的相对位置尺寸、进气方向均与实船相同。各试验件的基本结构尺寸也与实物保持相等，如百叶窗可转动叶片的弦长、厚度、间距；气水分离装置中网垫的丝径、层厚、惯性级叶片每一折的长度；进气消声器消声片的长度、间距、穿孔率等。与实物所不同的主要是试验装置的通流面积，并保证了通过各试验件的工况流速与实物完全相等，为此，在相同进气条件能够最大限度地保持试验主要部件的性能与实物相同。

为了进行气水分离装置的盐雾分离试验，需按标准配置人造海水，利用试验装置中的造雾系统把人造海水喷成雾滴，与气流掺混，从而形成气溶胶状态进入试验件，以此来模拟试验件进气时不同盐雾浓度的海况条件。

试验装置气源是一台离心式鼓风机，可调节进气流量形成不同试验工况。由于可调百叶窗叶片的转动，燃烧空气与冷却空气开启式分离装置的开启和锁紧等功能均由气压控制，因此试验装置中备有压缩空气系统。因为要进行盐雾分离试验，所以装置中还有供喷雾用的盐水与清水系统，以及为使气溶胶状态均匀而设计的加长风道与造雾系统等。

进行气动特性试验时，水系统、压缩空气系统均不工作，造雾系统也被拆除，使百叶窗前端处于大气状态。空气直接通过防护网、百叶窗进入进气室的水平管段，而后通过开启式气水分离装置，再经过后进气室到竖井管段，最后通过进气消声器进入箱装体进气模拟装置。

为了模拟燃气轮机压气机进口处的噪声，装有发声装置并按燃气轮机压气机进气口的频谱发声，因为要发出高频声音，需要功率很大的扬声器才能做到，可采用数个扬声器组合发声，做定性模拟，作为初步设计参考。最后定量模拟在专门的噪声试验台上进行试验，利用大功率扬声器模拟燃气轮机进气噪声频谱。

2. 进气过滤系统综合模拟试验装置

进气系统试验装置结构如图 7-2 所示。

该试验装置主要包括实验基础风洞、模拟和测试系统（气动参数测量系统、盐雾发生系统、等动力采样系统、离子分析系统及激光滴谱测量系统等），可以完成进气装置的气动损失测试、盐雾滤清测试以及多功能联合调试。其中试验基础风洞根据风洞设计规范进行流场设计，满足大流量气源条件下各种试验工况稳定调整的要求，是进气装置样机安装和功能试

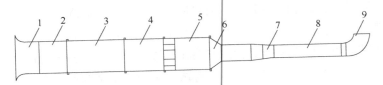

图 7-2　进气系统试验装置结构

1—进口导流段　2—进口整流格栅段　3—盐雾喷射与掺混段　4、5—进气系统性能测试段
6—结构收缩段　7—风洞流量测试段　8—风源系统　9—排气段

验测试的基础，主要包括进口导流段、整流格栅段、风洞筒体、流量测量
段、可调频大流量风机、支架等。气动参数测量系统、盐雾发生系统、等
动力采样系统、离子分析系统、激光滴谱测量系统等布置于风洞内部或周
边，实现进气盐雾模拟与进气装置性能测试分析。实验基础风洞布置情况
如图 7-3 所示。

图 7-3　实验基础风洞布置情况

（1）盐雾气溶胶发生与控制系统　燃气轮机进气系统综合试验装置要实
现对不同进气海洋盐雾环境的精确模拟，必须设计一套盐雾气溶胶粒径和浓度
精确可调的发生与控制系统，为适应不同船型、不同进气方式可能面临的不同
海洋环境，进气盐雾气溶胶浓度范围要求为 0.1～500ppm，粒径范围要求为
1～200μm，可满足大部分的试验要求。盐雾气溶胶发生系统如图 7-4 所示。
盐雾气溶胶发生系统三维结构如图 7-5 所示。

（2）人造海水生成系统　进气系统综合试验装置需要模拟不同浓度海洋
盐雾环境，并在试验装置内进行盐雾采样和含盐量分析。滤清装置出口处的含
盐量要求低至 ppb 级，要保证如此低浓度的盐分能够被准确地测量和分析出
来，不仅需要高精度离子分析设备，还需要试验装置模拟海洋环境、采样用水
使用无任何离子的超纯水，并在此基础上进行人造海水的配制，防止其他离子
的干扰。为此，专门设计了人造海水生成系统用于自动生成供喷雾系统使用的

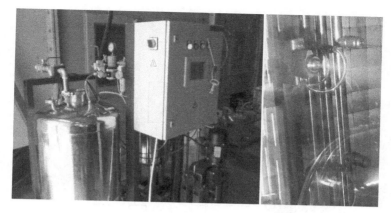

图 7-4　盐雾气溶胶发生系统布置情况

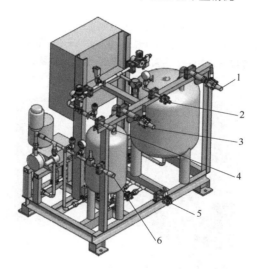

图 7-5　盐雾气溶胶发生系统三维结构

1—盐水入口　2—压缩空气入口　3—清水入口　4—压缩空气出口　5—排污口　6—液体出口

标准人造海水溶液。图 7-6 所示为人造海水生成系统原理。该系统人造海水的质量浓度在 3.0% ~4.4% 的范围内可调，批次最大制备量不小于 70L，制备速度最大可达 35L/h。

如图 7-7 为超纯水生成机，可以生成达 18.2MΩ · cm 电阻率的超纯水，可为人造海水生成系统提供无杂质水源，同时还可以为等动力采样系统提供采样用水。

（3）气动参数测量系统　该试验装置的气动参数测量系统由皮托管总压、静压测量探针阵列及电子压力扫描阀系统等组成，探针阵列包括布置于试验装

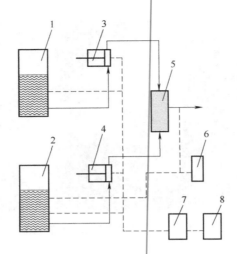

图 7-6　人造海水生成系统原理

1—浓溶液储罐　2—去离子水储罐　3—浓溶液计量泵　4—去离子水计量泵　5—T 形微通道碰撞混合器
6—在线电导率仪　7—可编程逻辑控制器　8—显示控制屏

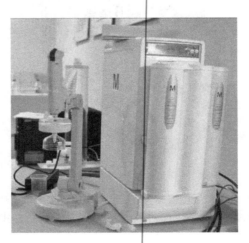

图 7-7　超纯水生成机

置截面 1-1～7-7 的 23 只速度探针（其中，截面 1-1～6-6 布置 18 只 5 路探针，每个截面布置 3 只；截面 7-7 布置 4 只 3 路探针、1 只 4 路探针）、56 路壁面静压探针及安装支座等，各探针测得的总压、静压模拟信号经电子压力扫描阀系统转化为数字信号用于后续气动参数分析。试验装置的气动测试截面 1-1～7-7 分布情况如图 7-8 所示。所采用的电子压力扫描阀系统和后续气动参数采集和处理分析系统如图 7-9 和图 7-10 所示。

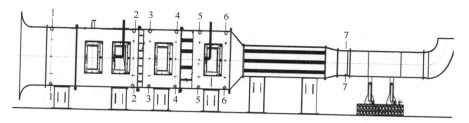

图 7-8　气动测试截面 1-1～7-7 分布情况

 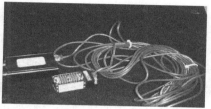

图 7-9　多通道电子压力扫描阀系统

图 7-10　气动测量数据采集及处理系统

（4）等动力采样系统　等动力采样系统对进气滤清装置试验样机前后的空气盐雾进行采样。采样系统由无损采样探头、采样管路、样品收集装置、高精度流量传感器、流量调节阀和采样泵等组成，其中无损采样探头阵列通过固定的支架安装在试验风洞管道内，其余设备布置在管道旁，采样探头与样品收集装置之间通过采样管路连接。等动力采样系统布置情况如图 7-11 所示。

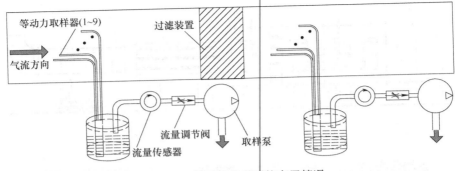

图 7-11　等动力采样系统布置情况

（5）含盐量分析系统　该试验装置主要采用离子色谱仪（见图 7-12）分析进气装置前后空气中的含盐量，通过测试所采集进气装置前后样品溶液中的氯离子含量来折算含盐量，计算除盐效率。离子色谱仪由流动相容器、高压输液泵、进样器、色谱柱、检测器和数据处理系统等基本组件组成。工作过程是：输液泵将流动相以稳定的流速（或压力）输送至分析体系，在色谱柱之前通过进样器将样品导入，流动相将样品带入色谱柱，在色谱柱中各组分被分离，并依次随流动相流至检测器。该型双通道离子色谱仪为抑制型离子色谱，在电导检测器之前增加一个抑

图 7-12　离子色谱仪

制系统，即用另一个高压输液泵将再生液输送到抑制器，在抑制器中，流动相的背景电导被降低，然后将流出物导入电导检测池，并将检测到的信号送至数据系统记录、处理或保存。

经常检测的常见离子有：阴离子：F^-，Cl^-，Br^-，NO_2^-，PO_4^{3-}，NO_3^-，SO_4^{2-}，甲酸根离子，乙酸根离子，草酸根离子等；阳离子：Li^+，Na^+，NH_4^+，K^+，Ca^{2+}，Mg^{2+}，Cu^{2+}，Zn^{2+}，Fe^{2+}，Fe^{3+} 等。

离子色谱仪分离测定常见的阴离子是它的专长，一针样品打进去，约在 20min 以内就可得到 7 个常见离子的测定结果，因此，该试验主要用离子色谱仪测试进气中的氯离子（氯离子的含量可低至 ppb 级），以保证测量的高精度。

（6）激光滴谱测量系统　该试验选用激光滴谱测量系统（见图 7-13）对

进气装置前后进气空气采样，实时测量和显示进气空气中盐雾气溶胶的粒径分布和粒径浓度大小。激光滴谱测量系统粒径测量范围 $2 \sim 50\mu m$，粒子数浓度范围 $0 \sim 2000$ 颗/cm^3。

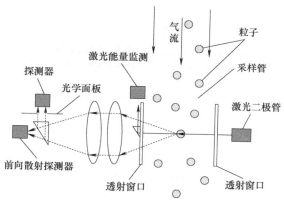

图 7-13　激光滴谱测量系统

　　该系统采用前向散射技术实时测量盐雾气溶胶的云滴谱分布，经过专业标定，测量精度达到 95% 以上。试验时，在一台外置气泵的抽吸下，样本空气进入仪器的光学系统。当样本空气中的颗粒物通过光学系统内的激光束时，它们就产生光散射。测光器收集 $4° \sim 12°$ 之间的前向散射光，光电转化器把光信号转化成电信号，放大、过滤和数字化后的电信号经过处理后就生成了颗粒物的尺寸。把相同尺寸区间内的粒子个数积累起来，可得到该尺寸区间的粒子数浓度。

3. 气水分离器及部件典型试验装置

　　国外厂家生产的分离器试验装置如图 7-14 所示。

　　美国 Peerless 公司和 Altair 公司为英国和美国海军提供了大量气水分离器。其中 Peerless 公司的气水分离器大量装备于美国 DDG51 型舰船上（见图 7-15）。

　　为研制出高效气水分离器，国外公司均建立了功能完备的试验装置，涵盖

a) Altair公司制造　　　　b) Peerless公司制造

图 7-14　国外厂家生产的分离器试验装置

图 7-15　装备 Peerless 公司气水分离器的 DDG51 型舰船

了流量不同的试验风洞、盐雾生成和模拟系统、采样与含盐量分析系统以及光学粒径测量系统等。图 7-14 所示试验台分别是 Altair 公司和 Peerless 公司于 21 世纪初建立的，它所采用的前向散射激光粒径测试技术等先进测量方法已经被我国相关试验装置借鉴，具有重要的参考价值。

7.4　燃气轮机陆上试验

国外很早就建立了燃气轮机进气装置实物试验台，用于在陆上模拟燃气轮机海洋环境下的可靠性和耐久性测试，以及与进排气系统等辅助系统进行联合调试。这种试验时间往往比较长而且代价高昂，但是作为燃气轮机性能验证的一部分，国外进行了大量这样的试验，非常值得我国借鉴。

7.4.1　英国"海神"型燃气轮机试验台

该试验台是英国早期专门用来模拟海上大气条件的全尺寸试验台。在选择用哪种发动机时，选中了"海神"型燃气轮机，这样就能把岸上试验结果与装在"勇敢"级快艇上的燃气轮机在航行中的情况直接进行比较。试验按舰

艇工作条件运行周期进行，试验条件尽量模拟海上大气条件。于是在英国国家
燃气轮机研究所海军燃气轮机试验站内建立了一个专门设计的试验室，致力于
在陆上模拟海上大气条件，如图 7-16 所示。

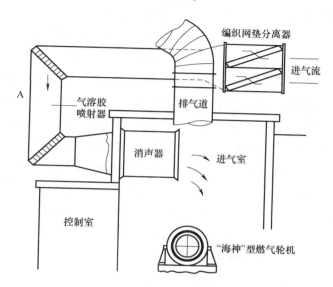

图 7-16　"海神"型燃气轮机试验室布置

　　试验中假设能穿过进气编织网垫分离器的微小盐粒的浓度为 0.5ppm 左
右。进气口处盐粒的平均尺寸为远远小于 10μm。在进气口内（图中 A 处）
安装一个气溶胶发生器，将盐分喷为极细的雾状，浓度为 0.5ppm，盐粒尺
寸为 1 ~ 2μm。因为一台"海神"型燃气轮机设备每秒吸入空气 18kg 左右，
这就要求每小时喷入海水 1.1L。在发动机运行并且气溶胶发生器工作时，
盐水被喷出，极细的盐雾沿着进气道进入进气室，在靠近燃气轮机处被吸
入。在涡轮进口温度为 650 ~ 720℃、运行 350h 后，第一级涡轮导叶就腐
蚀。后经过调整分析，将编织网垫分离器后盐雾浓度调整为接近 0.05ppm，
在试验站进行 0.05ppm 的试验，结果是在涡轮进口温度为 660 ~ 720℃ 时，
发动机运行 1000h 后，第一级涡轮导叶才开始腐蚀。这说明进气盐雾浓度至
关重要。为了确定空气中盐分到底是多少，英美海军结合"海神"型燃气
轮机陆上试验数据，确定进入燃气轮机空气中平均含盐量为 0.01ppm，这就
是英国后来采用的标准值。
　　在这个试验台上还有一个重要任务就是试验发动机采用的耐高温材料的抗
硫化腐蚀的性能。

7.4.2 英国"奥林普斯"和"太因"燃气轮机试验台

1972 年，英国海军在海军燃气轮机试验站内建成了一个"奥林普斯"燃气轮机耐久性试验台。除了按海军实际运行过程进行试验外，该燃气轮机还在喷入盐水的条件下运转，此时在其气流中喷入 0.01ppm 的盐水。除空气中盐分模拟外，还在燃油中加入 0.6ppm 的钠盐，其进排气道与装在"谢菲尔德"号驱逐舰上的进排气道相同。对"奥林普斯"燃气轮机进行了 10000h 陆上试验，以验证其可靠性。在此之前的 1966 年 8 月到 1969 年 1 月，该试验台还对 TMIA 型燃气轮机进行了 2500h 的试验，在空气和燃油中加入盐分。

在海军燃气轮机试验站还建有"太因"燃气轮机的试验台，对"太因"燃气轮机进行模拟海上环境试验，喷入盐分浓度为 0.01ppm，以天然海水的形式喷入进气气流中，试验时间为 1000h。此燃气轮机的"621"型被用作美国格鲁曼公司水翼舰"海豚"号主机。后来的改进型号 RMIA、RMIC 型燃气轮机被用作驱逐舰和护卫舰的巡航机。在 1972 年 12 月到 1974 年 11 月间对 RMIA 型燃气轮机共完成 3000h 试验。

7.4.3 英国全尺寸推进装置陆上试验台

英国国防部政策规定，对新级舰的动力装置均做全尺寸陆上试验，以验证燃气轮机和附属系统的可靠性。因英国海军有几种舰都使用 TM3B 和 RMIA 燃气轮机联合动力装置，因此，在海军燃气轮机实验站建有这两种型号燃气轮机的陆上试验台，而这两种型号燃气轮机的进排气规定是模拟 42 型驱逐舰的。在试验时向发动机进气装置喷盐雾以模拟海上环境，同时燃烧含有 1% ~5% 硫的柴油，进行了 2220h 试验。完成这些试验后，把试验台改为了模拟另一种新型驱逐舰用燃气轮机的安装布置，在 1973 年 11 月至 1974 年 12 月总共运行了 470h。

7.4.4 美国燃气轮机推进系统岸基试验场

美国为了培训舰上燃气轮机操作人员，在大湖海军训练中建造了一座燃气轮机推进系统岸基试验场，包括 FFG7 级护卫舰和 CG47/DD963 级驱逐舰推进装置的陆上训练装置。由于 CG47 舰的推进装置与 DD963 舰的相同，故建 DD963 舰推进装置陆上训练装置时连同 CG47 舰一起予以考虑。1983 年 5 月首先建成了 FFG7 舰的推进装置陆上训练装置，包括主推进燃气轮机、排气和冷却空气系统、进气气水分离器、冷却空气风扇、应急进气旁通门和防冰引气总管等。CG47/DD963 舰的陆上训练装置于 1985 年建成并投入使用。

　　美国在建造新一级 DDG51/58 级驱逐舰时，着手在陆上建造了一座类似于 FFG7 那样的陆基训练装置。装置中两台 LM2500-30 燃气轮机共用一个并车齿轮箱，输出功率由 1 台大功率水力测功器吸收，进排气系统与舰上相同。

7.4.5　日本"斯贝"燃气轮机陆上训练装置

　　日本海军在舰上大批使用燃气轮机作为主动力，急需培训操作和维修燃气轮机的人员，于是在日本横滨于 1991 年 7 月建成了一座"斯贝"燃气轮机陆上训练装置，见图 7-17 所示。该燃气轮机训练装置是为"RiRi"级驱逐舰所用的。

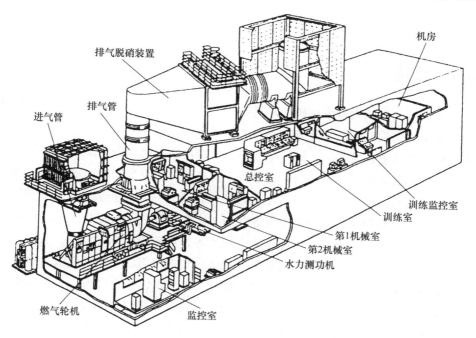

图 7-17　"斯贝"燃气轮机陆上训练装置

第**8**章

进气系统空气动力学设计

8.1 概述

现代作战舰船大量采用燃气轮机作为主动力。燃气轮机进气流量大，在同等功率下是蒸汽轮机、柴油机的 3～4 倍，进气系统的体积、质量占比突出，成为舰船的重要组成部分。以一个装备燃气轮机的水面舰船为例，从燃气轮机进气口到燃气轮机压气机入口，通常有十几米至二十余米高的距离，长长的进气道内安装有进气百叶窗、进气室、进气滤清器、进气消声器、防结冰装置、旁通装置等多种设备，且燃烧空气进气道与冷却空气进气道相互独立，整体进气系统结构复杂，重量达十几吨至几十吨不等，对舰船的有效容积、结构、稳定性影响很大。燃气轮机对进气系统气动性能要求很高，要求进气阻力损失尽量低，进气流场均匀、稳定。以经典的舰用 LM2500 燃气轮机为例，进气阻力增加 1%，油耗增加 1.2%，功率将损失 2%。进气系统设计不合理会引起燃气轮机喘振、停机，影响燃气轮机的经济性、功率输出甚至发生重大事故。

进气系统在舰船上的布置示意图如图 8-1 所示。

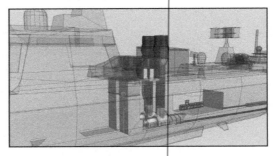

图 8-1　进气系统在舰船上的布置示意图

本节针对燃气轮机的舰用需求，对其复杂、大尺度进气系统的设计进行剖析，分析其设计体系，重点对其中的空气动力学要求和设计手段进行了分析，介绍了数值仿真和模拟试验在舰船进气系统设计中的重要作用，并列举了若干研究实例。

1. 进气系统配置及工作原理

进气系统除了要满足燃气轮机对进气空气流量、流场的要求外，还要满足诸多功能要求：燃气轮机对进气空气品质要求高，海洋环境下进气盐雾腐蚀严重，有时还面临沙尘等固态颗粒物威胁；燃气轮机进气噪声强烈，严重影响舰员工作和生活环境，不利于舰艇的声隐身性；进气系统还面临严寒气候条件下的进气结冰、堵塞和外物进入等问题。所有这些问题，都要依靠合理设计的进气系统来解决。进气系统关系到燃气轮机的安全高效运行、舰船隐身性以及舰船平台的设计，还要满足舰船总体对进气系统的布置要求、保证船体和进气系统的结构强度，尽量减小装舰尺寸和质量。

根据不同舰艇形式、不同动力装置的应用需求，进气系统的组成各不相同。图 8-2 所示为一典型舰用燃气轮机进气系统组成与工作原理。进气系统由进气防护网罩、百叶窗、防冰装置、清洗装置、燃烧空气气水分离装置、冷却空气气水分离装置、消声装置、监控装置等组成。进气空气首先经过防护网罩、百叶窗，流经防冰、清洗装置后，气流分为两路：一路是燃烧空气，它经燃烧空气气水分离装置、进气室、消声器进入燃气轮机压气机，另一路是冷却空气，它经冷却空气气水分离装置进入冷却进气道，对燃气轮机罩壳进行冷却。进气监控装置实现对进气口状态、加热防冰、清洗、应急旁通等进气状态的控制。进气系统装备的多样性决定了进气系统的复杂性，在对进气系统进行

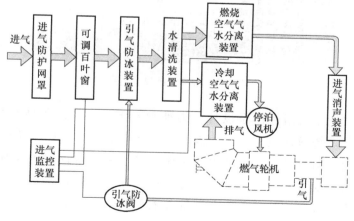

图 8-2　典型进气系统组成与工作原理

设计时，一方面要研制满足各项性能指标要求的装置，另一方面要对各装置进行优化集成，使进气系统性能最优化。而进气系统最核心的一个性能指标就是其气动性能。一方面，要求进气系统整体气动阻力最小化、出口流场气流品质（均匀性、稳定性）满足压气机要求；另一方面，还要保障进气系统具备满足要求的进气滤清、消声、防冰等能力。进气系统的设计需要从系统角度进行综合平衡，以系统集成的方法理论从整体着眼进行集成设计。

2. 进气系统设计

进气系统设计涵盖的内容很多，对于一个新型舰艇进气系统的设计来说，进气系统如何布置？应配置什么样的进气装置？各装置性能指标如何确定？对燃气轮机和舰船有何影响？如何达到性能指标要求？采用什么样的专项技术？如何通过集成设计使进气系统性能最优？如何验证各项装置是否已经达到设计要求等，都是进气系统设计要研究的问题，其中的很多问题都涉及空气动力学问题。

进气系统设计内容如图8-3所示。

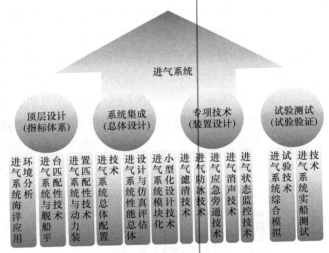

图8-3　进气系统设计内容

（1）进气系统指标体系设计　为准确给出进气系统各性能指标要求，需要对进气系统海洋应用环境、进气系统与舰船平台、燃气轮机动态匹配性进行分析，对进气盐雾、沙尘、流场、进气系统布置方式等对动力装置安全、寿命、功率、经济性影响进行评估，并考虑舰船总体性能、作战使命对进气系统尺寸、质量、隐身性等方面的要求，从而为提出合理的进气系统性能指标奠定基础。

（2）进气系统总体设计　进气系统总体设计主要着眼于系统整体，重点解决进气系统总体配置及系统性能优化集成的问题，并适应进气系统模块化、小型化设计的趋势要求。针对不同舰船型式、动力装置，进气系统的配置可能完全不同，进气系统不是多个进气装置的简单集合，设计良好的进气系统是进气系统各性能的优化集成。

（3）进气装置设计及试验验证　进气装置是进气系统的核心，良好的进气系统设计依赖于设计良好的高性能进气装置。进气装置设计包括进气滤清装置设计、防冰装置设计、应急旁通装置设计、消声装置设计及监控装置设计等，是进气系统设计的主体。进气装置的设计是否成功最终要依靠试验来验证，因此进气系统试验方法、试验装置的设计也是进气系统设计应该涵盖的重要内容。

进气系统性能一般包括气动性能、结构性能、声学性能、滤清性能等多学科、多方面的性能指标要求，其中气动性能是基础和核心。气动性能要求进气阻力损失尽量低；结构性能要求进气系统有足够的结构强度和尽量小的尺寸及质量；声学性能要求进气噪声尽量小，符合安静型舰船的设计要求；滤清性能要求进气滤清效果好，进气品质满足要求。各个性能指标要求并不是孤立的，它们之间还有相互影响，气动性能好的装置可能结构尺寸及质量庞大，滤清、声学性能好的装置可能阻力损失大，各个指标交织在一起，需要进行综合平衡。在进气系统研究和设计中，通常以进气系统空气动力学性能为核心，研究多物理场的耦合问题。

与大多数工程问题一样，理论分析、数值仿真、模型试验是进气系统空气动力学设计的主要方法，三种方法相辅相成、互相促进，其中理论分析是基础。我们可以通过理论分析对进气系统内外部流动和部分关键参数进行判断或估算，但是考虑到进气系统涉及气动、热力、结构、声学等多个学科，存在空气动力学与结构、传热、声学等复杂问题的耦合，目前进气系统的设计工作大量依赖于数值仿真和模拟试验，其中模拟试验仍是产品最终验证的唯一手段。

8.2　数值仿真研究

数值仿真是随着计算机技术的发展而得到广泛应用的一种设计方法。数值仿真技术因其具有方便、灵活、周期短、经济性好等特点，在进气系统设计中占有重要的地位，数值仿真技术的应用大大减少了模型试验的工作量，是一种经济、高效的设计方法。舰船进气系统的空气动力学设计通常采用 CFD 软件作为数值仿真的主要工具。考虑进气系统多物理场的性能要求，实践中采用

CFD 软件结合其他物理场专用软件开展数值仿真综合分析。通过数值仿真研究可以有效得到进气系统内外的速度场、压力场、多相流、声场、温度场等结果，为进气系统的设计提供理论依据和有效参考，并且可以提出优化方案，实现进气系统气动性能与其他性能的综合平衡，达到提高船舶动力系统可靠性和经济性的目的。

8.2.1　外流场仿真

通过外流场仿真可以达到以下目的：

1）深入了解实船动态运行时进气系统的外流场结构和流场变化情况，为舰船上层建筑的空气动力学设计提供参考。

2）分析舰船不同运行工况（主要指航速、航向）、外部环境（主要指风速、风向）等因素对进气口参数和进气系统气动性能的影响规律。

3）为进气系统在舰上的布置（后向进气、侧向进气或者侧后结合进气）、总体结构选择提供理论依据。

项目组开展了大量的进气系统在舰船平台上的外流场仿真研究，对不同航速、航向、风速、风向以及多因素联合作用的复杂情况进行了分析归纳、分类建模，以确定不同进口、出口条件并开展计算。研究中对侧向进气与后向进气进行了详细对比，分析了各因素影响下外流场差异及进气情况的不同，得出了不同进气布置方案下气动参数变化的规律。如图 8-4 所示，研究表明，外界条件相同时，后向进气与侧向进气相比，气动参数变化的规律性差，左右两进气室气动参数的差异性总体上要和缓。相比之下，虽然侧向进气气动参数变化幅度较大，但基本保持正弦分布，具有良好的规律性。图 8-5 所示为侧后向结合进气系统方案，这种进气方式的气动性能结合了侧向进气和后向进气的特点。

8.2.2　内流场仿真

通过内流场仿真可以达到以下目的：

1）分析外流场非定常变化对内部流动的影响，进而分析外流场对燃气轮机工作性能的影响。

2）有助于对进气系统内部复杂流动的整体认识，对进气系统指标进行合理分配，实现进气系统的集成设计和优化。

3）对燃烧进气气路和冷却进气气路流量进行合理分配，保障燃气轮机燃烧进气和冷却进气质量。

4）对进气系统整体结构尺寸和型式、各舱壁开口数量和大小、进气系统

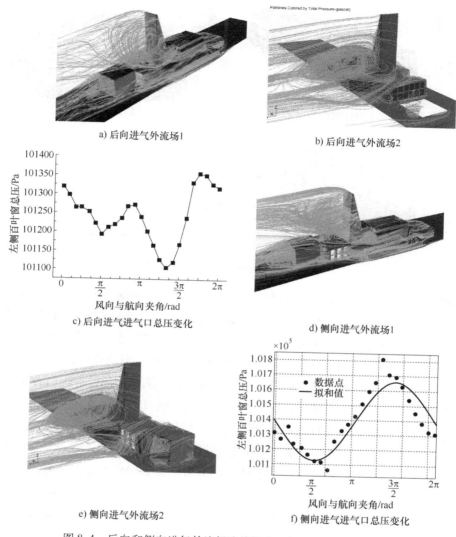

a) 后向进气外流场1

b) 后向进气外流场2

c) 后向进气进气口总压变化

d) 侧向进气外流场1

e) 侧向进气外流场2

f) 侧向进气进气口总压变化

图 8-4　后向和侧向进气外流场流线图和进气口总压变化规律

的设备配置和选型进行对比分析和优化。

5) 了解进气气流在进气装置和部件内部的流动情况，考核进气装置的气动性能，不断优化并最终达到设计要求，同时分析进气装置内部流场的变化对燃气轮机运行的影响。

项目组开展了针对特定布置和配置下的进气系统内流场的仿真研究，在对进气系统外流场仿真分析的基础上，建立了进气系统三维非定常和定常数值模拟方法，利用非定常数值模拟方法仿真分析实船动态运行状况下进气系统内流

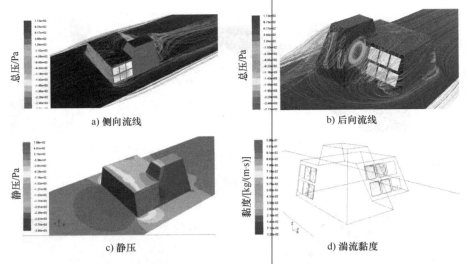

a) 侧向流线   b) 后向流线

c) 静压   d) 湍流黏度

图 8-5 侧后向结合进气外流场

场的复杂变化；利用定常数值模拟方法仿真分析特定时刻下进气系统内流场结构、阻力特性等。图 8-6 ~ 图 8-9 所示为针对进气系统内流场的定常仿真计算。对内流场进行完整建模，考虑冷却进气系统、燃烧进气系统、消声器、竖井、进气蜗壳等结构；计算中考虑百叶窗、滤清器、消声器等结构的阻力影响，求解内流场分布，对前后进气室的流场结构、流场均匀性等进行分析，并详细研究进气蜗壳内的流场情况，分析产生畸变的可能性和设计优化方向。

  通过研究表明，在进气系统计算过程中使用风扇边界条件只给出百叶窗、滤清器等结构的阻力影响，而不用对这些设备进行详细建模，可大大降低计算量，提升分析效率，使进气系统整体流场分析结果更加接近工程实际。气流流经进气系统有三次明显的压力损失，第一次压力损失最大，即滤清器的影响，第二次和第三次压力损失都主要是由于气流转向所引起的。进气系统出口应满

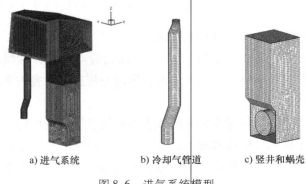

a) 进气系统   b) 冷却气管道   c) 竖井和蜗壳

图 8-6 进气系统模型

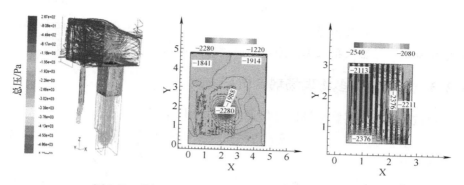

图 8-7　进气系统内流场与消声器出口流场计算结果

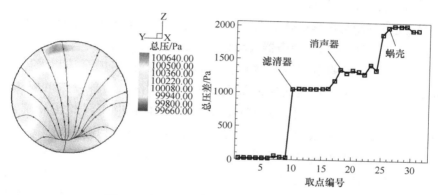

图 8-8　蜗壳出口流场与进气系统压差分布

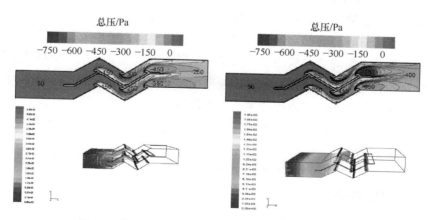

图 8-9　惯性级内流场与不同粒径的颗粒物运动轨迹

足燃气轮机进气流场品质要求，保证出口流场均匀性满足燃气轮机进气要求，可采用总压不均匀度来评价进气系统出口流场的均匀性。燃气轮机进口总压如果存在畸变，对燃气轮机工作的负面影响就非常大。

8.2.3 多相流和多物理场耦合仿真

通过多相流和多物理场耦合仿真可以达到以下目的：

1）通过气液、气固、气液固等两相或多相流仿真，实现进气系统内部不同介质流动和分离的模拟，评估核心过滤设备的性能和优化方向。

2）通过气热耦合或气固热耦合仿真，可对进气系统内部流路气热掺混、温湿度变化、气动传热与强度形变等问题进行分析，为进气引气防冰、加热装置等设备的设计提供依据。

3）通过气动与声学耦合仿真，实现进气系统整体气动声学性能预测、内部气动再生噪声的分析、消声器气动和声学性能的综合评估。

以进气滤清器的多相流分离模拟为例，欧拉-拉格朗日法以及欧拉-欧拉法是目前应用于多相流研究的最主要的两种方法。两种方法的应用范围各有不同。其中在欧拉-拉格朗日法中，对流体主相和离散相分别求解，主相被视作连续相来求解纳维-斯托克斯方程，而离散相的运动解析解则是通过计算流场中大量粒子运动得到的。主相和离散相之间交换质量、动量以及能量，即求解过程中求解对应的质量守恒、动量守恒以及能量守恒。图8-9所示对于惯性级内的两相流动，采用欧拉-拉格朗日法分别对流体主相和离散相进行求解。

研究表明，叶片折转带来了比较大的总压损失，进口气流速度的大小对惯性级气动性能有着较大影响。随着气流速度的增大，流场内阻力损失也随之增大，总压恢复系数降低，熵增加。对于一定形式的惯性级存在一个最佳进口气流速度，使得流场内阻力损失和滤除效率得以平衡。另外，叶片自身结构，如叶片折转角与疏水槽等对阻力损失及过滤效率有较大影响。除设计流线型叶片之外，从改变惯性级叶片折转角与疏水槽结构的角度对惯性级结构进行改进和优化也是可行的。

8.3 试验研究

数值仿真和模拟试验是舰用燃气轮机进气系统性能研究的两个重要手段，数值仿真具有经济、高效、周期短等优点，但存在仿真方法、模型精

度的问题；试验研究具有直观、准确、可信性强等优点，但也存在受试验
条件限制，测试数据的全面性难以保障等缺点，只有把数值仿真和综合模
拟试验两种手段相互结合使用，才能更好地掌握进气系统的性能和内部工
作机理。目前，工程上进气系统的性能验证评价虽然依靠的是试验测试，
但是在设计过程中两种手段相互结合，使得新型进气系统的设计更加高
效，技术水平不断进步。

8.3.1　进气系统船段模型风洞试验

舰船在海洋环境中航行，风速有时与舰的航行速度相当，对进气气流的影
响是不能忽略的，特别是舰上还有一些其他建筑物距进气口的距离很近，将使
气流流动更加复杂。因此，在大型低速风洞中，模拟舰在不同风速及风向下的
运动情况，分析风速及风向对进气室进气的影响，为进气室在舰上的布置提供
依据，具有十分重要的意义。本试验的目的主要有：

1）通过试验获得典型测点进气参数，对计算进行指导，校验计算模型。
采用前期研究中获得的数值仿真解决方案对试验模型进行内外流场计算，并与
试验结果作对照，以评估计算方法的精度范围。

2）通过试验获得风速、风向、进气方式等外界因素影响下的进气参数，
指导进气系统设计。通过皮托管和电子压力扫描阀采集不同风速、不同风向、
燃气轮机启合状态、不同测点的脉动压力时程，对其进行统计对比分析，获得
不同测点处风速或压力分布规律及特点。

风洞试验模型和风洞如图 8-10 所示，仿真模型如图 8-11 所示。

通过试验获得的数据为典型舰用燃气轮机进气系统装舰布置方案和技战术
指标的设计提供了重要的依据，同时修正了数值仿真模型。数值模拟与风洞试
验研究趋势吻合，但受到模型布置、气动探针测试位置、测点布置、流场复杂
性和流向的不确定性、数值求解方法等多种客观因素影响，平均误差在 20%
左右。

8.3.2　进气系统综合模拟试验

为准确了解进气系统内部流动规律，掌握进气系统和进气装置气动性
能特点，我们搭建了专门的进气系统综合模拟测试台。进气系统综合模拟
测试台包括进口导流段、整流格栅段、盐雾喷射与掺混段、进气滤清装置
性能测试段、流量测量段、风机段、排气段。风洞结构设计满足 GJB
1179—1991 高速风洞和低速风洞流场品质规范。综合模拟测试台结构示

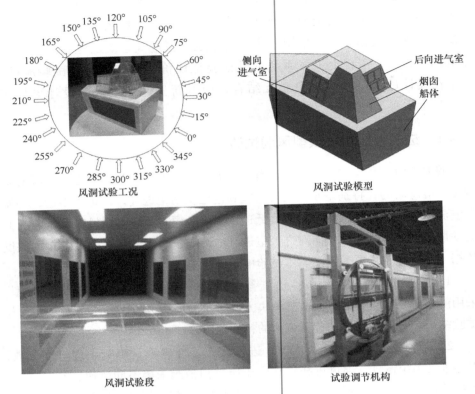

风洞试验工况

风洞试验模型

风洞试验段

试验调节机构

图 8-10　风洞试验模型和风洞

意图和实物图如图 8-12 所示。测试台气动参数测量系统由皮托管总压、静压测量探针阵列及电子压力扫描阀系统（见图 8-13）等组成。各探针测得的总压、静压模拟信号，经电子压力扫描阀系统转化为数字信号，用于后续气动参数分析。

利用进气系统综合模拟测试台能够实现舰用燃气轮机进气系统样机性能的试验测试，具有模拟海洋环境下燃气轮机进气流量、不同工况、盐雾气溶胶分布情况下的进气系统流动、气动阻力和盐雾过滤效率的综合模拟测试能力。该测试台能对 1:1 尺度的进气装置模块正样机进行试验。通过调节风机流量模拟燃气轮机各工况，在各模拟工况下，通过试验样机的流速、内部流场结构与正样机一致，为进气装置正样机气动性能的验证提供可靠的试验依据。在此基础上，通过盐雾气溶胶发生系统模拟进气入口盐雾环境，在相同结构形式、相同流场、相同入口盐雾浓度的条件下，试验样机的盐雾滤清性能也可代表正样机的滤清性能。

侧后向进气外流场模拟计算域及多面体网格

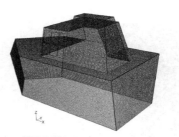

侧后向进气室多面体网格

进气系统计算网格

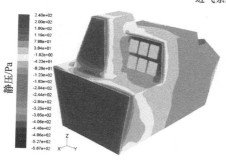

静压分布

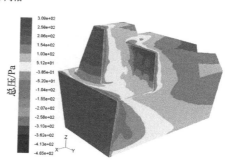

总压分布

图 8-11　仿真模型

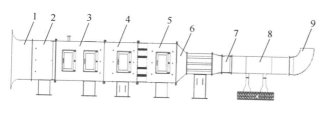

图 8-12　综合模拟测试台结构示意图和实物图

1—进口导流段　2—进口整流格栅段　3—盐雾喷射与掺混段　4、5—进气滤清装置性能测试段

6—结构收缩段　7—风洞流量测量段　8—风源系统　9—排气段

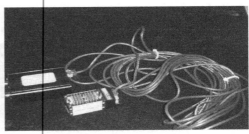

图 8-13　多通道电子压力扫描阀系统

第 **9** 章

舰船用燃气轮机进气系统相关标准

在舰船燃气轮机进气系统的研究中，通过长期积累总结形成了 CB 20697—2020《舰船燃气轮机进气装置设计要求》、CB 20643—2018《舰船用燃气轮机进气滤清装置盐雾滤清性能测试方法》两项船舶行业标准。现将两项标准的部分核心内容摘录如下，供从事船舶和其他海洋环境燃气轮机应用和研究的人员参考。

9.1 舰船燃气轮机进气装置设计要求

9.1.1 范围

本标准规定了舰船燃气轮机进气装置（以下简称进气装置）的设计依据、设计原则、设计内容、设计程序以及设计验证要求等内容。

本标准适用于排水型水面舰船燃气轮机进气装置的设计。

9.1.2 规范性引用文件

下列文件中的条款通过本标准的引用而成为本标准的条款。凡是注日期的引用文件，其随后所有的修改单（不包含勘误的内容）或修订版均不适用于本标准，然而，鼓励根据本标准达成协议的各方研究是否可使用这些文件的最新版本。凡是不注日期的引用文件，其最新版本适用于本标准。本标准引用文件如下：

GJB 150—2009 军用装备实验室环境试验方法；

GJB 151B—2013 军用设备和分系统 电磁发射和敏感度要求与测量；

GJB 190—1986 特性分类；

GJB 546A—1994 电子元器件质量保证大纲；

GJB 730B—2017　舰船燃气轮机通用规范；

GJB 1181—1991　军用装备包装、装卸、贮存和运输通用大纲；

GJB 4000—2000　舰船通用规范；

HJB 37A—2000　舰船色彩标准；

GJB 1362A—2007　军工产品定型程序和要求；

GJB 9001B—2009　质量管理体系要求；

《海军军工产品定型工作办法》海定〔2010〕35 号。

9.1.3　设计依据

1. 功能

燃气轮机进气装置的主要功能为过滤燃气轮机进气空气中的杂质和盐雾气溶胶，为燃气轮机提供高品质的燃烧空气和冷却空气，同时还具有进气气水-盐雾分离与过滤、进气应急旁通、防止进气结冰和进气消声等功能。

2. 组成

燃气轮机进气装置主要由进气防护网罩、百叶窗、水清洗装置、引气防冰装置、燃烧空气进气滤清器、冷却空气进气滤清器、进气监控装置、进气消声装置和集水箱等组成。

3. 性能

进气装置的主要工作特性如下：

1）保证燃气轮机进气空气流量，满足燃气轮机进口流场的要求。

2）在海洋条件下，能够对燃气轮机的进气空气进行气水分离与盐雾过滤，确保进气品质满足燃气轮机规定的要求。

3）在结冰条件下，能防止进气空气结冰，确保燃气轮机能够全天候安全运行。

4）在应急情况下，能对进气气流进行应急旁通，保障紧急状况下的进气流量需要。

5）能够降低燃气轮机进气空气噪声，以改善舱面的工作条件。

4. 依据性文件

设计的依据性文件主要包括：

1）研制任务书或产品技术规格书。

2）产品或科研合同。

3）有关国家标准、国家军用标准、海军标准、行业标准及适用的法律、法规。

　　4）上级机关和使用方机关批复或正式下达的文件等。

9.1.4　设计原则

1. 设计的先进性和继承性原则

　　在满足技术与使用要求的前提下，充分继承进气装置已有成果，尽量采用成熟技术和产品，同时还应结合国内外先进技术，考虑未来动力系统需求，与国外同类产品进行比较，积极而稳妥地采用已经验证的新技术成果，使进气装置的性能指标得到进一步提高，具备一定的扩展升级能力，保证系统设计的先进性和继承性的统一。

2. 通用化设计原则

　　设计过程应尽可能实现进气装置零部件的标准化、系列化和通用化，控制非标准零部件的占比，尽可能减少标准件的规格、品种数，争取用较少的零部件实现多种功能，并尽可能采用模块化设计。

3. 冗余设计原则

　　进气装置应进行冗余设计，保留一定的安全裕度，保证其工作可靠性和安全性。

4. 降额设计原则

　　进气装置结构件中的主要受力设备（如百叶窗、进气滤清器等）应进行降额设计，引气防冰装置、进气监控装置、应急旁通门等也应进行降额设计，降低整个装置的故障概率。

5. 原材料、元器件、标准件选用原则

　　进气装置的主要配套单位应优选已建立了完善的质量体系的单位；各组成部件在设计时主要原材料、元器件应首先立足于国内，并有稳定的供货渠道和来源。

9.1.5　设计内容

1. 设计总要求

　　1）进气装置的设计应符合舰船设计、舰船动力装置技术任务书及 GJB 730B—2017 的要求。

　　2）应根据燃气轮机型号、布置情况、装舰情况等开展进气装置的具体设计。

　　3）进气装置设计时应确保：

　　① 满足舰船研制任务书或技术规格书规定的使用条件和工作性能。

② 进气装置总平均使用期限应等于舰船总平均使用期限（不包括进气滤芯），中修前进气装置平均使用期限应等于舰船修理间期限，在正常使用时，应能够使用单独的成套备件完成规定工作以保证进气装置的正常工作状态。

2. 进气口设置要求

1）在舰船上布置进气装置进气口时，应考虑：

① 所有排气系统的排气口分布。

② 进气口的易喷溅性。

③ 进气口高度上空气背景含盐量。

④ 空气中其他污染源的分布，其中包括特殊装置排放的气体。

⑤ 配置进气装置的可能性。

2）为预防燃烧产物污染，进气装置进气口的布置应符合下列要求：

① 进气装置进气口的配置尽可能地远离主、辅发动机和锅炉等排气管系统的排气口。

② 通过烟囱排放废气时，进气口的配置位置应尽可能地低于烟囱的出口截面。

③ 进气装置进气口应尽可能地远离武器发射尾焰可能影响的区域，避免武器发射时产生的尾气对进气装置的影响。

3）为降低盐分腐蚀影响，进气装置进气口的布置应符合下列要求：

① 考虑到空气背景含盐量在距水平面不足 6m 的高度上增长显著，进气口应配置在离水平面尽可能高的地方。

② 进气口应配置在易溅性最小的区域（舰尾上层建筑壁板，用舷墙遮盖的上层建筑舷侧壁板，进气孔在舷部上层建筑的定位在舰船艏艉面方向纵壁等）。

4）在进气装置进气口区域内不应安置燃油槽和滑油槽通风管排气口，机舱、蓄电池舱、制冷机舱和其他类似舱的排风口。

3. 进气装置布置一般要求

1）布置进气装置时需考虑：

① 被净化的空气沿进气装置截面均匀分布。

② 须确保定期清洁或拆卸滤网所需的空间。

③ 应考虑稳压室的大小和布置。

2）进气装置的固定方式应避免空气不经过进气装置而渗流到燃气轮机。

3）进气装置的结构应是可拆卸的。

4）进气装置的安装空间应考虑作为燃气轮机吊装通道的需求。

4. 总压损失要求

1）进气装置总压损失应满足燃气轮机进气系统的总压损失要求，在设计进气装置时尽量减少进气装置总压损失。

2）利用空气引射冷却燃气轮机时，冷却空气进气道内总压损失允许值应满足要求。

3）应对进气装置、进气稳压室、进气道进行气动数值仿真或试验，应该保障进气总压损失的要求。

4）进气总压损失应始终满足要求以保障燃气轮机各工况进气流量，在进气装置中应设置压差传感器确保压力损失始终处于被监控状态。

5. 流场均匀性要求

1）设计进气装置时，应满足燃气轮机进气流场品质要求，保证进气装置出口流场均匀性，满足燃气轮机进气系统要求。

2）对进气装置出口流场不均匀度应通过仿真计算或试验进行验证。

6. 进气装置出口空气的品质要求

1）燃气轮机进气装置出口的空气品质应满足燃气轮机对进气空气品质的设计要求：对于大中型排水型水面舰船，在标准海况下，一般要求进入燃气轮机的燃烧空气中的含盐量≤0.01ppm（mg/kg）；含水量和固态颗粒物的过滤要求应满足燃气轮机要求。

2）用于冷却燃气轮机的进气空气品质应满足燃气轮机对冷却进气空气品质的设计要求：对于大中型排水型水面舰船，在标准海况下，一般要求进入燃气轮机的冷却空气中的含盐量≤0.05ppm（mg/kg）。

7. 环境适应性设计要求

1）进气装置各设备在选材及结构方面均需考虑其使用环境，各主要工作部分应采取表面涂漆或其他防护措施，并按照 HJB 37A—2000 的有关规定进行表面处理。

2）进气装置应尽量采用成熟的原材料，使用的金属或非金属材料必须经过材料性能检验，使其能够经受严酷环境的考验。

3）进气监控装置在元器件选取上要充分考虑其应满足在冲击、振动、潮湿、高低温、盐雾、霉菌、核辐射等恶劣环境下的工作要求。

4）进气监控装置应进行电磁兼容设计，满足 GJB 151B—2013 电磁兼容性要求。

8. 可靠性设计要求

1）进气装置设计中，应按照 GJB 190—1986 要求进行特性分析和分类，对关键过程进行识别和控制。

2）进气装置所有的零、部件都应牢固可靠，并且锁定紧固件。流路内焊缝和漆层要求可靠，保证其在使用寿命内不脱落。

3）对进气装置结构件应就相应材料的主要性能参数随应用时间变化而变化的情况进行稳定性设计，确保其在寿命周期内稳定可靠工作。

4）当进气装置应急旁通设备具有遥控功能时，执行机构和位置信号应反馈到进气监控装置上。为预防遥控出现故障，应预先考虑到采用应急手动控制。

9. 维修性和保障性设计要求

1）进气装置的维修性设计主要涉及：对进气装置进行模块化、标准化、通用化、互换性及可达性设计，便于维护和清洗，尤其要考虑进气监控装置的故障诊断应快速简便、贵重件可修复性好、人机工程及防错误操作功能强等。

2）在进气装置设计中应充分考虑保障性分析、保障性设计、保障性管理及保障性评估等方面的要求，进气装置的平均故障间隔时间（MTBF）、进气装置机械部分平均故障修复时间（MTTR）和进气监控装置平均故障修复时间（MTTR）应该满足规定的要求。

3）进气装置的维修性、保障性在舰船航行期间应可保证由舰员完成小修或者维修部件的更换，也可保证由舰船修理厂完成进厂修理。

10. 安全性设计要求

1）对整个进气装置的设计应确保即使进气装置发生故障，也不会造成燃气轮机和舰船其他部位的区域性故障。

2）进气装置在设计时应该考虑紧固件或者部件防脱落设计和避振设计。进气稳压室和进气消声装置的吸声材料应为阻燃材料。

11. 测试性设计要求

进气装置应能及时、准确地确定自身的状态（可工作、不可工作或性能下降）并隔离其内部故障，满足测试性要求。

12. 人机工程设计要求

进气监控装置设计中应充分考虑人机工程要素，以提高进气装置的操控性。

13. 安装接口设计要求

1）进气装置安装接口设计主要考虑各项设备和进气室的连接，进气监控装置和进气装置其他设备的电气接口，引气防冰管路、进气滤清器与外接管路的连接，其设计尺寸应满足总体要求。

2）在容易出现差错的连接、装配、充填、口盖等部位，在结构设计时应进行防错装设计。

3）在施工设计完成之前，应就进气装置各安装接口与总体单位进行充分的沟通和协商，达成一致。

14. 各项设备详细设计要求

（1）进气防护网罩

1）进气防护网罩由金属框架和丝网等组成，为提高强度可在框架的纵向和横向增加加强条。

2）进气防护网罩的设计可根据要求进行雷达隐身性设计。

（2）进气百叶窗

1）根据不同船型，进气百叶窗一般设计成固定式百叶窗或可调百叶窗。根据船总体和环境要求也可增加加热防冰装置。

2）进气百叶窗的结构设计应满足气动阻力要求。同时可根据要求进行雷达隐身性设计。

（3）进气滤清器

1）根据燃气轮机进气品质要求和舰船总体的布置，进气滤清器通常包括燃烧空气进气滤清器和冷却空气进气滤清器。可以设计为固定式或开启式两种型式。设计为固定式时应急旁通门需要单独设计；设计为开启式时滤清器可以兼具旁通功能。

2）根据各型燃气轮机对进气空气品质的要求，进气滤清器可采用两级、三级和四级结构，通常由惯性分离级、过滤材料分离级等过滤部件组合而成。过滤材料是进气过滤器的核心，应便于拆卸更换。过滤材料由金属丝网或非金属高分子过滤材料组成，需满足舰用化可靠性要求。

3）进气滤清器的设计既要保证总的通流面积，以满足气动阻力和滤清性能的要求，同时还需保证应急旁通部分的进气量要求。

4）进气滤清器的布置需满足舱壁强度、结构的限制要求，同时应便于使用、维护和维修。

（4）防冰装置

1）当进气空气温度低于4℃时，为防止进气装置部件结冰，建议：

① 进气口安装在可最大限度避免浪花溅入的地方。

② 当外部空气温度符合舰船技术任务书规定时，进气百叶窗、集水箱可以预先考虑电加热等防冰装置，使被加热表面的温度不低于2℃；

③ 当采用引气防冰装置时需使加热介质在进气装置内能够均匀分布。

2）采用引气防冰装置加热进气空气时，建议使用从燃气轮机压气机中抽取的高温高压空气作为加热介质。在进行该项设计时应与燃气轮机设计单位充分协调，确定引气位置、温度、压力和引气流量等参数。

3）从燃气轮机压气机抽出的空气量应通过计算，一般不超过燃气轮机进气流量的4%～5%。

（5）水清洗装置

1）进气装置应设计有水清洗装置，可对过滤器进行应急清洗。水清洗装置可以是清洗集管的结构，也可以是即插即用式喷枪。

2）水清洗装置如设计为清洗集管，其外形尺寸和布置要保证水清洗喷嘴喷出的水流能够完全覆盖各个进气滤清器。

3）水清洗装置喷出的水流应对滤清装置有足够的冲刷力，同时不应损坏核心过滤材料。水清洗装置的在线清洗功能一般在应急情况或无法进入进气室进行拆卸清洗时采用，过滤材料的日常维护建议拆卸后离位清洗。

（6）进气消声装置

1）进气消声装置由筒体和消声单元组成，消声单元是片式或者阵列式。进气消声装置在声学设计时需对消声单元的尺寸、结构及元件的间距等进行综合分析，以满足进气消声装置气动阻力和消声量的综合指标要求。

2）进气消声装置消声单元应设计成可拆卸式，应满足燃气轮机出舱检修的空间要求。

（7）进气监控装置

1）进气监控装置主要对可调式进气百叶窗的开启或关闭、应急旁通门或者开启式进气滤清器的开启或关闭、引气防冰装置的开启或关闭、电加热装置的开启或关闭等功能和进气温度、电加热温度、进气装置前后压差等参数进行监控。

2）进气监控装置宜采用多层控制结构，下层功能应满足结构动作和信息采集等，上层功能应满足信息显示和动作控制等。进气监控装置宜具有自动、遥控和手动控制功能，其中手动控制宜优先级最高，操作时间要求应满足总体设计提出的要求。

3）进气监控装置在设计中应采用成熟技术，降低设计风险。采用模块化设计、冗余设计、故障诊断设计和环境防护设计技术，提高装置的可靠性和可维修性。采用可扩展性设计技术，提高装置的可扩展性。

4）进气监控装置所选用电子元器件应采用元器件应力分析法进行设计预计，在电子元器件采购中，应选用军用级或工业级器件并对采购的器件严格按照 GJB 546A—1994 的要求进行环境应力筛选。商用成品选用船用级产品。

5）进气监控装置的高温、低温、湿热、盐雾、霉菌、振动、冲击和电磁兼容性试验严格按照 GJB 150—2009 和 GJB 151B—2013 中的有关规定执行。

（8）集水箱

1）集水箱一般由非敞开式箱体、疏水管（含进水和排水）、放泄装置等组成。

2）集水箱应能有效收集过滤下来的水，确保集水箱中的水不会溢出或泄露至进气装置后端。

9.1.6　设计程序（步骤）

1. 设计阶段划分

燃气轮机进气装置的设计要符合 GJB 9001B—2010 要求。新产品/系统研制的全过程一般包括方案设计阶段、工程研制阶段、设计鉴定/定型阶段，流程图如图 9-1 所示。根据确定的设计程序，明确每一阶段应完成的设计任务、设计内容、完成标志。

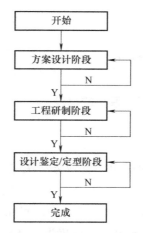

图 9-1　进气装置设计阶段流程图

2. 方案设计阶段

（1）方案论证　对于新研或有重大改进的进气装置，根据某型舰船及燃气轮机的总设计需求，开展进气装置方案论证工作，配合军方论证部门进行该型进气装置的立项论证，主要包括装置配置、战技指标、总体技术方案的论证工作，并编制立项论证报告。

（2）方案设计

1）进气装置方案设计是在方案论证的基础上，根据已批复的某型舰船立项论证报告的要求，充分调研和掌握国内、外相关技术资料和技术水平，获取相关技术资料，反复比较优化系统方案所进行的一系列工作。

2）当研制任务明确后，按要求开展装置实现的研制策划工作，编制装置研制的质量计划。在方案设计初期应开展装置的设计策划工作，编制装置研制的设计计划。

（3）方案设计报告的主要项目　方案设计报告的主要内容概括起来有如下几项，可针对装舰对象的要求有所裁减或侧重。

① 任务来源和设计依据；

② 设计总要求；

③ 设计指导思想；

④ 主要功能；

⑤ 组成和主要设备的选型；

⑥ 主要战技术指标论证；

⑦ 主要设备的性能指标要求；

⑧ 配置方案；

⑨ 功能接口设计；

⑩ 关键技术和可行性分析；

⑪ 设计特点；

⑫ 本装置与国内、外同类系统的比较；

⑬ 研制经费概算；

⑭ 研制进度计划网络图等。

（4）方案设计评审　通过由主管业务机关主持的方案评审，并将其修改完善后上报机关，批复后予以实施并转入工程研制阶段。

（5）方案设计阶段成果　方案设计阶段的成果有质量计划、设计计划、方案论证报告、方案设计说明书或设计报告、计算说明书、六性大纲、标准化大纲等。

3. 工程研制阶段

（1）一般要求　工程研制阶段主要是按照已批复或使用方认可的装置研制总要求或任务书，全面开展装置的研究设计及相关产品的研制，完成装置的出厂鉴定、设计定型和交付，分技术设计和施工设计两个阶段。

（2）技术设计阶段

1）技术设计程序。主要包括以下内容：

① 按照已批准的系统研制总要求（或研制任务书、批复的方案），全面开展装置技术设计；

② 开展功能设计；

③ 开展关键技术的研究；

④ 进行外部接口协调和接口设计、确认装置外部接口的技术状态；

⑤ 进行六性设计工作；

⑥ 原理/功能样机设计及试制；

⑦ 提出舰上安装技术要求；

⑧ 编制专项试验和综合模拟试验大纲和细则；

⑨ 组织进行各项装置试验，对技术设计进行验证；

⑩ 编制技术设计文件及图纸；

⑪ 进行技术设计评审；

⑫ 根据评审意见进行文件修改，编制完成技术设计文件的正式稿；

⑬ 编制技术规格书，并由上级设计师系统组织审签。

2）技术设计评审程序。技术设计评审程序按国军标和承制单位质量体系的要求进行。

3）技术设计阶段成果。技术设计阶段的成果有技术设计报告、技术规格书、性能计算书、技术设计图纸及文件目录、舰上安装技术条件、六性设计报告、各专项试验和综合模拟试验大纲、细则、报告等。

（3）施工设计阶段

1）施工设计程序。主要包括以下内容：

① 装置结构详细设计；

② 装置舰上安装接口设计；

③ 1:1 样机设计及试制；

④ 编制样机陆上联调试验大纲和细则；

⑤ 组织进行样机联调试验；

⑥ 编制系泊和航行试验大纲及细则；

⑦ 编制使用维护说明书；

⑧ 编制舰上安装技术要求；

⑨ 编制施工设计文件及图纸；

⑩ 进行施工设计评审；

⑪ 根据评审意见进行文件修改，编制完成施工设计文件的正式稿。

2）施工设计评审。施工设计评审程序按国军标和承制单位质量体系的要求进行。

3）施工设计阶段成果。施工设计阶段的成果有施工设计说明书、施工设计图及文件目录、质量控制与技术要求、六性分析报告、系泊和航行试验大纲及细则、关重件明细表、使用维护说明书、舰上安装技术要求、陆上联调试验大纲及细则、专用工具清单等，如有配机试验还需要配机试验大纲、细则等。

4. 设计鉴定/定型阶段

1）进气装置交付使用方使用后，其指标满足技术规格书的研制要求时，可申请由上级主管业务机关主持设计定型（或鉴定）。

2）进气装置设计鉴定所需提供的文件资料及文件编制要求执行GJB 1362A—2007和《海军军工产品定型工作办法》的有关规定。

9.1.7 设计验证要求

在进气装置的研制过程中，根据进气装置的技术状态可开展以下试验进行设计验证。

1. 进气装置专项试验

包括开启式部件的传动轴转矩、叶片刚性及电加热防冰试验，滤清器气动、滤清及防冰性能试验，锁紧装置自锁力及开锁力试验，水清洗试验，进气消声装置气动及消声性能试验，以及进气监控装置功能试验等。

2. 进气装置陆上综合模拟试验

包括整套进气装置的气动、滤清性能试验，百叶窗和滤清器除水试验，可调百叶窗开启/关闭试验，进气应急旁通试验，引气防冰试验，水清洗试验，进气消声试验，以及进气监控性能试验等。

3. 进气监控装置型式试验

包括高温、低温、盐雾、霉菌、振动、冲击和电磁兼容性等试验。

4. 进气装置功能/性能联调试验

在完成进气装置各项设备的单项验收后，方可进行整套进气装置的功能/性能联调试验。包括整套进气装置舰上安装接口试验、总体性能试验、可调百叶窗开启/关闭试验、进气应急旁通试验、引气防冰试验、水清洗试验及进气监控装置性能试验等。

5. 进气装置配机试验

如需进行配机试验，需要加工1:1的进气装置样机，按照或模拟舰上实际布置安装进气装置，并布置相应测试系统，主要测试进气装置整体气动性能、滤清性能以及监控装置的主要性能。配机试验可以作为设计定型试验。

9.2　舰船用燃气轮机进气滤清装置盐雾滤清性能测试方法

9.2.1　范围

本标准规定了舰船用燃气轮机进气滤清装置（简称进气滤清装置）盐雾滤清性能测试目的、测试原理、测试条件、测试准备、测试步骤、测试数据记录与处理和测试报告。

本标准适用于实验室条件下舰船用燃气轮机进气滤清装置盐雾滤清性能测试。

9.2.2　规范性引用文件

下列文件中的条款通过本标准的引用而成为本标准的条款。凡是注日期的引用文件，其随后所有的修改单（不包含勘误的内容）或修订版均不适用于本标准，然而，鼓励根据本标准达成协议的各方研究是否可使用这些文件的最新版本。凡是不注日期的引用文件，其最新版本适用于本标准。本标准引用文件如下：

1) GB/T 1920—1980　标准大气（30 公里以下部分）。
2) GJB 1179—1991　高速风洞和低速风洞流场品质规范。
3) GJB 4000—2000　舰船通用规范。

9.2.3　术语和定义

下列术语和定义适用于本标准。

1) 等动力采样（isokinetic sampling）。在流动空气中采样时，进入采样探头孔内的气流流速与探头截面的气流流速相等的采样技术。

2) 空气含盐量（salt concentration in air）。单位质量空气中含有盐分的质量，一般以 ppm（mg/kg）计。

3) 盐雾滤清性能（salt filtration performance）。进气滤清装置滤除空气中含盐量的能力。

4) 超纯水（ultrapure water）。电阻率大于 $18M\Omega \cdot cm$（25℃）的水。

9.2.4 测试目的

通过进气滤清装置盐雾滤清性能测试,精确测量进气滤清装置前、后端空气中的含盐量,评价进气滤清装置的盐雾滤清性能。

9.2.5 测试原理

在实验室风洞气流通道中,模拟规定浓度的含盐雾空气环境,用等动力采样法获取进气滤清装置前、后含盐雾空气的样本,通过化学分析方法,测定样本中氯离子浓度(或钠离子浓度),折算出样本空气含盐量。

9.2.6 测试条件

1. 实验室环境

实验室环境为0℃以上的自然环境。

2. 测试对象

测试对象为进气滤清装置或者能代表进气滤清装置性能的进气滤清装置的模块。

3. 测试用仪器仪表及材料

1)测试用仪器仪表应计量检定合格并在有效期内。

2)测试用仪器仪表(见表9-1)。

表9-1 测试用仪器仪表及材料

名　　称	说　　明
精密天平	测试精度0.1mg
采样流量传感器	流量范围0~500L/min(标况)
电子秤	测试精度1g
含盐量分析系统	测试精度ppb级

3)测试用材料(见表9-2)。

表9-2 测试用仪器仪表及材料

名　　称	说　　明
超纯水	电阻率大于18MΩ·cm
氯化钠	应采用优级纯氯化钠

4. 测试系统

1)测试系统组成。测试系统应包括:进气装置综合测试台、超纯水制备设备、人造海水生成系统、盐雾气溶胶发生与控制系统、等动力采样系统和含盐量分析系统。

2）进气装置综合测试台。进气装置综合测试台一般包括进口导流段、进口整流格栅段、盐雾喷射与掺混段、进气滤清装置性能测试段、进气滤清装置、结构收缩段、稳流段、风洞流量测量段、风机、排气段。风洞截面为矩形，截面积一般为测试件截面积的 1～1.2 倍，风洞最大流量应覆盖测试件 1.0 工况所需流量，风洞结构设计按 GJB 1179—1991 规定。进气装置综合测试台结构示意图如图 9-2 所示。

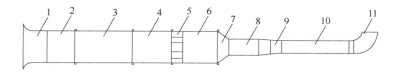

图 9-2　进气装置综合测试台结构示意图

1—进口导流段　2—进口整流格栅段　3—盐雾喷射与掺混段　4、6—进气滤清装置性能测试段
5—进气滤清装置　7—结构收缩段　8—稳流段　9—风洞流量测量段　10—风机　11—排气段

3）超纯水制备设备。超纯水制备设备应能够制备电阻率大于 $18M\Omega \cdot cm$ 的超纯水。

4）人造海水生成系统。通过使用优级纯氯化钠和超纯水精确配比，混合生成满足要求的人造海水。

5）盐雾气溶胶发生与控制系统。盐雾气溶胶发生与控制系统应能将人造海水溶液雾化并均匀地同进气气流掺混，盐雾气溶胶发生与控制系统生成的盐雾气溶胶浓度应为 0.1～500ppm，粒径大小应为 1～200μm，满足 GJB 4000—2000 中 072.4.1.14 要求的盐雾气溶胶浓度。

6）等动力采样系统。

① 等动力采样系统主要由无损采样探头、采样管路、采样吸收瓶、流量传感器、流量调节阀和采样泵等组成，其中无损采样探头的形式应为薄壁采样口，管口外径与内径之比小于 1.1。等动力采样系统示意图如图 9-3 所示。

② 等动力采样探头可以采用单点采样方式或者多点采样方式。采用多点采样方式时，宜每平方米测试截面上至少有一个采样点，测试点宜均匀布置在同一测试截面上。

③ 等动力采样系统中的采样流量应可调节，测量时应使采样入口流速与风洞流速保持一致，应以大于 99% 的效率吸入风洞中的盐雾气溶胶颗粒。

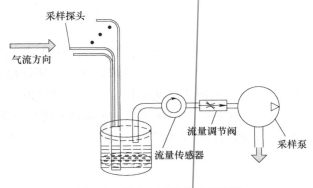

图 9-3 等动力采样系统示意图

7）含盐量分析系统。应使用含盐量分析系统（如离子色谱仪）分析采样系统中获取的进气滤清装置前端和后端的采样溶液，获得采样溶液中氯离子（或者钠离子）的质量浓度。

5. 试验人员

试验人员应经过培训，可熟练操作测试所用的各种设备。

9.2.7 测试准备

测试准备主要包括：

1）进气滤清装置、风洞及各个测试设备应保证干净、清洁。

2）检查风洞、采样管路等，应无泄漏。

3）检查电路、等动力采样系统管路的连接情况，采样探头与风洞中气流方向应保持一致，并且使采样探头管口相迎于气流。

4）启动超纯水制备设备，制备超纯水。

5）利用超纯水清洗采样管路和采样吸收瓶 2～3 次。

6）分别取定量的超纯水作为吸收溶液，将其倒入进气滤清装置前端和后端的采样吸收瓶中，使用干净、清洁的滴管和烧杯分别进行取样，再使用电子秤记录每个采样吸收瓶中吸收溶液的质量。

7）启动含盐量分析系统，对进气滤清装置前端和后端采样吸收瓶中的样品进行基底含盐量测量并记录测量结果。

8）使用优级纯氯化钠和超纯水配制人造海水，使氯化钠均匀充分地溶解在超纯水中，把配制好的人造海水注入盐雾气溶胶发生与控制系统的盐溶液储罐中。

9）检查盐雾气溶胶发生与控制系统的各个阀门、喷嘴、管路，确保通畅。

9.2.8　测试步骤

测试步骤如下：

1）启动风机，使进气流量值达到进气滤清装置的要求，稳定 30s 后记录进气流量值。

2）启动进气滤清装置前端和后端的等动力采样系统，调节采样流量至设定值后关闭采样系统。

3）启动空气压缩机为盐雾气溶胶发生与控制系统加压，加压完成后启动盐雾气溶胶发生与控制系统，开始喷雾，调节喷雾量直至设定的液体流量值。

4）待风机和盐雾气溶胶发生与控制系统运行稳定后，重新启动等动力采样系统开始采样，记录采样启动和停止时间，采样时间不少于 20 ~ 40min。

5）采样完成后，关闭等动力采样系统。

6）关闭盐雾气溶胶发生与控制系统。

7）关闭空气压缩机。

8）关闭风机。

9）用定量超纯水清洗采样管路，清洗 2 ~ 3 次，将残留在管路中的盐分收集至采样吸收瓶中。

10）记录采样后每个采样吸收瓶中吸收溶液的质量，使用干净、清洁的量具分别进行取样。

11）启动离子色谱仪，分别对采样后进气滤清装置前端和后端采样吸收瓶中的样品进行含盐量分析。

12）重复上述中 1）~ 11），重复采样三次。

9.2.9　测试数据记录与处理

1. 测试数据记录

数据记录要求如下：

1）记录测试数据时，要求每次测试工况稳定。

2）空气采样流量应折算成 GB/T 1920—1980《标准大气（30 公里以下部分）》中 2.1 规定的标准环境下的流量。

3）在进气滤清装置测试件进口端所测出的实际浓度与所要求的浓度值的偏差应在 0% ~ 50% 范围内，偏差超出此范围时需重新测定。

2. 测试数据处理

以分析样品中的氯离子浓度为例，测试数据处理的过程如下：

1）按公式（9-1）计算采样之前吸收瓶内基底中氯化钠的质量：

$$M_{jd} = M_1 \times \eta_1 \times \frac{58.5}{35.5} \qquad (9\text{-}1)$$

式中　M_{jd}——采样之前吸收瓶内基底中氯化钠的质量（kg）；

　　　M_1——吸收溶液质量（kg）；

　　　η_1——测量采样之前吸收瓶中基底中的氯离子浓度（ppm）。

2）按公式（9-2）计算采样之后吸收瓶内基底中氯化钠的质量：

$$M_{cy} = (M_1 + M_2) \times \eta_2 \times \frac{58.5}{35.5} \qquad (9\text{-}2)$$

式中　M_{cy}——采样之后吸收瓶中氯化钠的质量（kg）；

　　　M_2——清洗溶液质量（kg）；

　　　η_2——测量采样之后吸收瓶中的氯离子浓度（ppm）。

3）按公式（9-3）计算采样空气中氯化钠的质量：

$$M_{NaCl} = M_{cy} - M_{jd} \qquad (9\text{-}3)$$

式中　M_{NaCl}——采样之后吸收瓶中氯化钠的质量（kg）。

4）按公式（9-4）计算采样空气的质量：

$$M_{air} = \rho_1 \times Q \times t \times 10^{-3} \qquad (9\text{-}4)$$

式中　M_{air}——采样空气的质量（kg）；

　　　ρ_1——空气密度（kg/m^3）；

　　　Q——采样体积流量（L/min）；

　　　t——采样时间（min）。

5）按公式（9-5）计算空气含盐量：

$$\eta = \frac{M_{NaCl}}{M_{air}} \qquad (9\text{-}5)$$

式中　η——空气含盐量（ppm）。

6）对三次重复采样的结果进行算术平均，得到算术平均测量结果。

9.2.10　测试报告

1）测试报告格式包括封面和正文。

2）封面应包括下列内容：

① 报告名称；

② 测试单位；

③ 测试报告完成时间；

④ 密级。

3）正文应包括下列内容：

① 测试目的；

② 测试时间；

③ 测试人员；

④ 测试内容；

⑤ 测试设备或仪器；

⑥ 测试方法；

⑦ 测试条件；

⑧ 测试数据记录表格，进气滤清装置盐雾滤清性能测试记录表见表9-3；

⑨ 数据分析，结论，签署页。

表 9-3　进气滤清装置盐雾滤清性能测试记录表

测试对象：　　　　　　　大气压力：　　　　　　　环境温度：

相对湿度：

序号	流速/ (m/s)	进口			出口			进口		出口	
		采样时间	采样流量/ (Nm³/h)	吸收溶液质量	采样时间/s	采样流量/ (Nm³/h)	吸收溶液质量	溶液含盐量	空气含盐量	溶液含盐量	空气含盐量
1											
2											
3											
4											
5											
6											
测试结果											

测试人员：

测试时间：

第**10**章

进气过滤材料

进气过滤材料是进气滤清装置的核心，如果没有选用合适的过滤材料，进气滤清装置结构设计即使再精细，也不能发挥其应有的过滤作用。过滤材料及其系统的选择、研究、制造涉及材料学、空气动力学、纺织及机械等多门学科、多个行业，是一项系统工程。我国在整个过滤材料领域的研究制造水平与国外先进水平差距较大。尤其是燃气轮机用的进气过滤材料具有其独特的特点，处理风量大、流速高，性能要求高。且海洋环境与陆用环境有很大的不同，大部分陆用进气过滤材料并不能适应海洋环境下的应用要求。

10.1 进气过滤材料概述

所谓进气过滤材料是指某种具有下述特征的材料，即在过滤操作条件下，使进气中的空气可通过，而其他组分不可通过。在该定义下，过滤材料的种类和数量是非常庞大的，几乎任何具有透过能力或可制作成有透过能力组织的材料均可成为过滤材料，包括无机矿物质、碳或木炭、玻璃、金属、金属氧化物或其他烧结陶瓷材料、天然有机纤维、合成有机纤维、合成片状材料等。这些材料可加工成各种形式的过滤材料，如棒或条形、片形、松散的纤维或颗粒状、线缆或单丝形等。

10.1.1 过滤机理

要更好地选择、研制过滤材料必须了解基本的过滤机理，要清楚过滤材料是如何捕捉粒子并使其退出流体的。按照粒子被过滤材料捕获而退出流体的方式，过滤可分为四种基本方式，分别介绍如下。

1. 表面拦截
粒子尺寸大于过滤材料表面的开孔尺寸时，被拦截在介质表面，如图 10-1

所示。这是格栅板和简单的机织单丝布的主要过滤方式，也是膜过滤的主要机理。

2. 深度拦截

当过滤材料的厚度明显大于其孔径时，一些尺寸小于表面孔径的粒子进入孔洞，被滞留在洞内狭小处而退出流体，如图 10-2 所示。毛毡和其他类型的非织造布正是利用了这种机理。

图 10-1　表面拦截过滤方式

图 10-2　深度拦截过滤方式

3. 深度过滤

有些粒子尺寸虽然明显小于过滤材料的孔径，但是仍然未能穿越过滤材料，在其内部被捕获，如图 10-3 所示。该现象包含了许多复杂的物理原理。首先，由于惯性、流体冲击力或布朗运动的作用，粒子被带到孔洞壁上（或者非常接近）；然后，在范德华力、静电力或其他表面作用力的吸引下，粒子被吸附在孔洞壁或另一个已被吸附的粒子

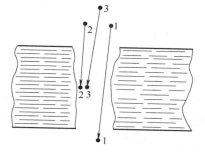

图 10-3　深度过滤方式

上。图 10-4 形象地诠释了粒子在深度过滤中被纤维捕捉的各种作用机理。这些作用力的功效和强度可能受许多因素影响，比如粒子的种类和含量，或气体湿度。该机理是高效空气过滤材料的一个很重要的作用机理。

深度过滤中粒子被捕捉的机理主要是依靠截留、惯性碰撞、扩散、重力沉降等的联合作用。

惯性碰撞适用于滤除直径大于 $1\mu m$ 的杂质。当气流中的颗粒绕过阻挡在气流前方的滤料纤维时，质量较大的颗粒受惯性影响会偏离气流方向，撞到滤料纤维上并被捕获，如图 10-4 所示。在高速进气滤清系统中，采用惯性碰撞

的过滤材料非常有效。

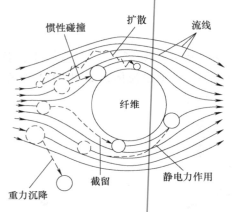

图 10-4　深度过滤中粒子被捕捉的机理

扩散适用于滤除低速气流中粒径小于 0.5μm 的颗粒。这些颗粒不受黏滞力作用，在临近颗粒和气体分子模量的影响下随机扩散在气流中，并不断改变运动方向，当撞击到过滤纤维上时被捕获。直径越小、流速越低的颗粒越容易被捕获。

截留适用于滤除中等尺寸的颗粒。这些颗粒在气流中处在最靠近滤网的流线上，颗粒半径大于流线与滤网之间的距离，因此被捕获。

静电过滤适用于滤除直径为 0.01 ~ 10μm 之间的颗粒。滤料纤维带有微弱的静电，气流中的颗粒在靠近滤料纤维时受静电吸引被捕获。燃气轮机进气过滤系统中的利用静电作用的过滤器，在组装前的加工制造过程中需被极化。通常，随着运行时间的推移，这些过滤器的静电电荷会被表面捕获的颗粒中和，因此过滤效率下降。另一方面，随着滤网上被捕获颗粒数量的增多，过滤效率又会有所回升，因为这些被拦截的颗粒会抵消一部分因电荷流失而引起的过滤效率的下降。图 10-5 给出了不同过滤机理的过滤效率和适用粒径范围。从图中可以明显地看出，电荷流失会使过滤效率下降，过滤器的性能应是在被极化前的测试结果。

4. 饼过滤

过滤材料表面有较厚一层粒子聚集，从而在随后的过滤中扮演了过滤材料的角色，即为饼过滤。当粒子（可能是其中的一部分）粒径大于孔径时，经过过滤初期的表面过滤后即进入饼过滤阶段。即使是所有粒子粒径小于孔径（甚至小至孔洞直径的八分之一左右），也可能有饼过滤形成，特别是当流体中固体含量相对较高时（比方说，固体占流体的质量大于 2%）。如图 10-6 所示，粒子在孔洞入口处发生搭桥，逐渐形成滤饼。

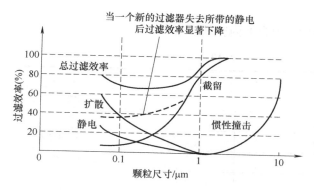

图 10-5　不同过滤机理的过滤效率和适用粒径范围

图 10-6　饼过滤方式

　　显然，任何实际过滤过程均可能结合了上述两种及以上的过滤方式。前两种过滤方式采取拦截的形式，过滤材料孔洞不断被阻塞，孔洞将被快速封死，因此需要提供某种清洁过程。

10.1.2　过滤材料性能

　　性能优越的过滤材料应具备多方面的良好性能，包括过滤性能、化学稳定性、机械强度、使用环境中的尺寸稳定性以及吸湿性等。事实上，在为特殊过滤目的进行过滤材料的系统选择时，需要考虑大约 20 项重要性能。这些性能可分为下列三类：

　　① 机械性能，如刚性、强度、加工性等，对于某些特殊过滤类型，该项性能的要求可能限制某些材料的使用；

　　② 使用性能，如化学或热稳定性，考察的是过滤材料在使用环境中的适应性；

③ 过滤性能，如对特定粒子的过滤效率、流动阻力等，决定过滤材料在特定过滤要求下的性能。

上述三类性能包含的内容列于表 10-1 ~ 表 10-3，下面进行简要介绍。

表 10-1　过滤材料的机械性能

序　号	机 械 性 能
1	刚性
2	强度
3	抗蠕变/延展强度
4	边缘稳定性
5	耐磨损强度
6	振动稳定性
7	有效使用尺寸
8	加工性
9	密封/衬垫功能性

表 10-2　过滤材料使用性能

序　号	使 用 性 能
1	化学稳定性
2	热稳定性
3	生物稳定性
4	动态稳定性
5	吸收特性
6	吸附特性
7	吸湿能力
8	安全性
9	静电特征
10	环境友好性
11	重复使用性
12	成本

表 10-3　过滤材料过滤性能

序　号	过 滤 性 能
1	最小截留粒径
2	过滤效率
2.1	过滤材料结构

（续）

序　号	过滤性能
2.2	粒子形状
2.3	过滤机制
3	流动阻力
3.1	多孔性
3.2	穿透性
4	容尘力
5	清洁性
6	卸饼性

1. 机械性能

（1）刚性　刚性是人们习惯上为某种过滤过程选择材料时首先考虑的指标。但是过滤材料的刚性数据和相关的可精确表征的参数相对较少。其中较科学的参数是弹性体的杨氏模量，它属于原材料参数，而实际上该值不能直接应用于过滤材料，因为从原材料到过滤材料之间有许多不同的制造方法。如纸和纺织品行业均用"硬度"表示，但测试标准不同。

（2）强度　材料强度通常是利用拉伸测试仪测得的应力/应变值表征。因此，主要的定量参数是拉伸强度，但也有其他一些经常被引用的量，如断裂强度、屈服强度、屈服点和断裂伸长率等。

（3）抗蠕变/延展强度　该性能对于某些过滤操作中使用的纺织品材料是非常重要的，特别是过滤灰尘用的织物和过滤液体用的带形过滤材料。但值得一提的是，依据标准测得的数据可能高于实际使用过程中的结果，也就是说，实际使用时过滤材料的强度远低于依据标准测得的强度值。这是因为测试时对材料施加的力相对较小，还有温度的影响等。

（4）边缘稳定性　显然，边缘稳定性对于织造布和非织造布都是重要的参数，但目前没有什么推荐方法来测定它，只能通过主观目视判断。

（5）耐磨损强度　过滤材料的耐磨损强度主要取决于其原材料的硬度。纺织品行业有耐磨损强度的经验测试方法。如利用 Martindale 摩擦测试仪、Stolle 测试仪等进行测量。

（6）振动稳定性　该项性能有时候是非常重要的，但目前对其没有特定测试方法，只能从结构设计上加以考虑。

（7）有效使用尺寸　过滤材料的尺寸受制造业的技术和机器控制。比如，织造布的宽度肯定小于织机的宽度，而实际可利用的宽度可能更要小得多。在工业化运作过程中，统一标准是十分必要的。

（8）加工性　复合过滤材料通常需要一步甚至多步加工，如剪切、弯折、焊接、黏合或缝制等。这些操作可能仅在复合材料中的一种材料上进行，所以要特别注意该材料的加工性是否合适，加工是否会造成材料的变形（如孔径增大）等，这对整个材料的过滤性能影响非常大。

（9）密封/衬垫功能性　过滤材料边缘的密封至关重要，在通常的过滤压力下经常将部分过滤材料本身作为衬垫。天然纤维较柔软且易吸收液体、易变形，需要加强密封。而合成纤维，特别是单丝纤维相对较硬、吸收能力低，所以通常用氯丁胶或丁腈胶密封圈加固即可。

2. 使用性能

下面介绍的使用性能对于过滤材料在过滤过程中所发挥的作用是特别重要的。

（1）化学稳定性　过滤材料在特定化学环境中的稳定性可以直接由原材料的化学特性判断。对于合成纤维，各厂商会对其冠以不同的商标或名称，这为判断原材料化学成分造成一定障碍，这些化学成分可以通过红外光谱仪、差示扫描量热仪等定性手段进行判断。

（2）热稳定性　与化学稳定性相似，过滤材料的热稳定性可由原材料的性能判断，但是要注意考虑不同化学环境对其的影响。

（3）生物稳定性　该项指标仅对天然纤维（如棉）是重要的，而对合成纤维则不必考虑，因为其通常是非生物降解的。

（4）动态稳定性　对于某些重要应用，如动力装置或无尘环境的进风过滤、超纯水过滤等，纤维脱落或碎片迁移等都会造成严重问题。原料中含有的小尺寸有机原料（如细纤维或粉末）越多，潜在的危险越大。

（5）吸收特性　吸收是一个物理化学过程，是一种物质进入另一种物质形成均质的混合物。纸或棉纤维在吸收液体后膨胀则造成交错纤维之间的空间减小，因此可能造成材料过滤性能显著改变。

（6）吸附特性　与吸收不同，吸附仅发生在固体或液体表面，依靠分子间吸引力作用（如范德华力）。在过滤过程中，若纤维表面吸附了特殊类型的分子或离子，可能会显著改变过滤材料的过滤性能，特别是利用深层过滤原理的，材料的透气性也会受到影响。

（7）吸湿能力　吸湿能力取决于材料和流体的表面张力值，与过滤过程中的流动阻力相关。例如，水穿过 PTFE 膜的流动阻力较大，因为其具有憎水特性，而当 PTFE 浸湿时，乙醇溶液穿过的阻力要小得多。需要注意的是，当流体或过滤材料表面有杂质时，其表面张力值可能变化很大。

（8）安全性　安全隐患主要与静电有关，特别是在过滤粉末时。在过滤有害物质时，要重点考虑人身健康安全。

（9）静电特性　静电可能在过滤过程中产生，最典型的例子是织物制作的滤袋过滤废气中的灰尘。过滤有机溶剂和碳氢化合物时，静电问题同样较突出，而过滤水时则不易产生静电，因为废水具有良好的导电性。抗静电织物就是通过加入导电性好的金属丝来疏导静电的。

静电并不总是有害的，有效利用静电可提高过滤材料对粒子的过滤效率，这也是液体和气体过滤中的一个重要课题。

（10）环境友好性　废弃的过滤材料必须经过合理处理以免引起污染。环境友好性优的一个重要特征是材料可以尽量被循环利用，例如，尽可能仅使用一种材质以便使回收简单方便。

（11）重复使用性　有些过滤材料仅可使用一次，失效后即须更换或丢弃，而有些材料理论上可永久使用。当然，还有介于两者之间的材料，其使用寿命取决于使用和护理方法。该项指标是成本的重要考虑因素。

（12）成本　过滤材料的成本影响因素有许多，包含原材料、加工成本、商业运作成本等因素，过滤材料是滤清装置和过滤过程成本的重要组成部分。过滤材料的使用寿命和成本是衡量进气滤清装置全生命周期内经济性的重要方面。

3. 过滤性能

过滤材料在过滤过程中所表现出来的性能无疑是其最重要的指标，下面分别做简单介绍。

（1）最小截留粒径　在讨论过滤材料时，最易提及的问题是最小截留粒径。但实际使用过程中，由于实际粒子的形状不规则（事实上很少是规则球体），使得最小截留粒径指标很难有精确值。因此，更有意义的指标是标准测试粉末或气溶胶粒子的过滤效率。

（2）过滤效率　影响过滤主要性能的重要参数有过滤材料结构、粒子形状和过滤机理。任何过滤效率曲线仅代表在特定测试条件下过滤材料的过滤性能，该测试条件不仅包含粒子的性质和含量，还包括流体的性质以及过滤速率。

（3）过滤材料结构　过滤材料必然具有一组孔洞以及分割这些孔洞的某种类型的固体壁，并且具有一定厚度。这些变量带来了许多结构参数的变化，如孔洞的尺寸和形状、材料在厚度梯度上形态变化（孔洞是直通或曲折的，如图 10-7 所示，它们的尺寸和形状是否变化等）、单位面积上孔洞数量以及这些参数的分布等。过滤材料的结构参数部分取决于原材料固有的性质，部分取决于生产制造技术。

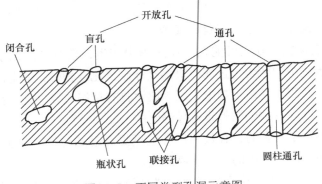

图 10-7　不同类型孔洞示意图

（4）粒子形状　通常对粒子的描述仅用一个线性尺寸（如 $10\mu m$）表示，这样造成了对粒子形状的误解，给人留下粒子都是球形的印象。事实上，绝大多数粒子不是球形。

为表征非球形粒子的尺寸，建立了下列公式：

$$粒子表面积 = K_a d_{av}^2 \tag{10-1}$$

$$粒子体积 = K_v d_{av}^3 \tag{10-2}$$

式中，K_a、K_v 分别是粒子面积和体积的形状因子，d_{av} 是粒子平均直径。

对于球形粒子，$K_a = \pi(= 3.142)$，$K_v = \pi/6(= 0.524)$。表 10-4 中列出了部分粒子的 K_a、K_v 值。

表 10-4　部分典型粒子的形状因子

粒　　子	面积因子 K_a	体积因子 K_v
球	3.142	0.524
铜球	3.142	0.524
沙子	2.1 ~ 2.9	—
磨损沙子	2.7 ~ 3.4	0.32 ~ 0.41
碎煤、石灰石	2.5 ~ 3.2	0.20 ~ 0.28
煤	2.59	0.2 ~ 27
云母	1.67	0.03
铝片	1.60	0.02

（5）流动阻力　过滤材料的流动阻力取决于每个孔洞的尺寸和单位面积上孔洞的数量。理想的过滤材料应是孔洞尽量多而孔洞壁尽量薄。而事实上孔洞在表面面积上所占比例大多相对较小，该比值受原材料性质和加工过程的影响，不同材质和加工工艺的材料流动阻力差别相当大。

该项性能在实际商业应用中是非常重要的，涉及运行成本、效率等问题，因此在选择过滤材料时要着重考虑。但是由于流动阻力的表征方式不尽相同，所以不能简单地将不同来源、不同材料的商业数据做对比。

流体通过过滤材料的实际阻力是由综合因素决定的，主要有材料的多孔性（即孔洞物理结构及其环绕材料）和材料对该流体的穿透性（即流体通过材料的难易程度）。

（6）容尘力　无论在气体过滤还是在液体净化应用中，容尘力都是重要的过滤参数，它是指流体压力降不低于规定值时过滤材料能够容纳的固体量。容尘力越高则在线使用时间越长。不同材料的容尘力差别非常大，归因于材料结构和过滤机理。

与过滤效率相似的是，容尘力的测试值与试验条件密切相关，如固体颗粒的性质和含量、流体性质以及过滤动力学（如单位面积流动速率）。

（7）清洁性　对于非一次性使用的过滤材料来说，清洁性也是一项重要指标。

10.2　燃气轮机进气过滤材料

如图 10-8 所示为某较通用的燃气轮机进气滤清装置示意图和装配图。该滤清装置分为三级过滤，第一级为带有弯勾疏水槽的惯性叶片级，利用惯性分离原理将进气中的绝大部分液滴滤除掉；未滤除的小尺度液滴在第二级受到凝聚分离器的阻挡聚集作用而被部分滤除；余下被吹离的较大尺度的液滴在第三级由惯性型的收集器收集。目前国内外所采用的船用进气滤清器的形式仍然大致如此，只是理论研究和实验水平的提高使其总体体积、重量在逐步减小，使用寿命在逐渐延长。过滤材料应用在第二级——凝聚分离器中。凝聚分离器是三级滤清装置的核心，由过滤材料、边框、密封垫、排水槽等部件组成，而过滤材料是其关键部件，其作用主要是将由第一级来的气流中尚未被滤除的细微盐雾拦截捕获，只让空气通过和进入第三级。

高性能船用燃气轮机的单机进气量是所有船用动力装置中最大的，例如 LM2500 型燃气轮机的单机进气量为 65kg/s，而 WR-21 型燃气轮机的单机进气量为 73.2kg/s，我国采用的某型燃气轮机的进气流量更大。因此，海面上空气中的气溶胶、盐粒等颗粒，在如此高强度的进气状态下会被大量吸入，如果不采取保护措施，盐分对燃气轮机的损害将非常大。英国在 20 世纪 40 年代首次把航空发动机改装成 G1 型燃气轮机并用于高速炮艇时，运行仅二十几分钟就

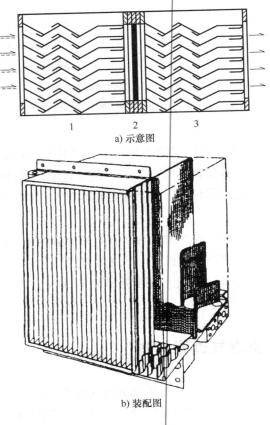

a) 示意图

b) 装配图

图 10-8　燃气轮机进气滤清装置

1—惯性气水分离器　2—凝聚分离器　3—微滴消除器

发现燃气轮机性能急剧下降，其原因就是进气中的盐分在压气机通流部分形成积垢造成的。美国海军的 JEFF（B）型气垫船早期水上试验也表明，在运行50 分钟后，压气机的积盐即引起发动机的喘振。

　　大量试验研究表明，盐分对动力装置的损害主要包括机械损害、化学损害和热损害等多个方面。如盐粒的侵蚀作用，高速旋转的叶片与空气中的微粒相撞会产生很大的能量改变，结果导致燃气轮机中的叶片表面被撞出金属碎片，即使微粒的直径只有 $10\mu m$，也能产生严重的剥蚀。叶片的外形设计得非常精密，即使因较小的磨损引起的外形变化，也会影响燃气轮机的性能。再如，盐粒进入燃气室，与燃油中的硫分经燃烧产生的腐蚀性物质在燃气轮机的热端部件上将产生硫化腐蚀。因此，进气过滤材料的过滤作用对燃气轮机的影响更是至关重要的。

　　过滤材料的种类非常繁多，在选择时须结合使用目的、环境、要求以及成本等因素考虑。目前，船用进气过滤材料主要是纤维滤材，即织造过滤材料和非织造过滤材料，这是包罗了多种纤维原料和加工技术的两大类材料，几乎每种材料在各个应用领域都有涉及。对于船用进气过滤这样较复杂的应用情况，通常是多种材料复合使用，每层材料提供不同的过滤功能，因此要想了解、选择、设计、研发适用于类型不同的船舶动力系统和不同使用环境的进气过滤材料，必须全面掌握各类织造过滤材料和非织造过滤材料的结构性能特点。受到新型高分子材料、机械制造技术等快速发展的推动，这两种纺织材料不断推陈出新。

10.2.1　织造过滤材料

船用织造过滤材料有金属丝网和非金属纤维两种。金属丝网过滤材料在使用寿命和耐腐蚀性等方面具有良好的特性，仍然在船用进气过滤材料中大量应用，但是针对燃气轮机大流量、高流速等应用需求，其在气动阻力和过滤效率综合性能提升上存在瓶颈，正逐渐被更易成形、适应性强、大容尘的非金属织造和非织造过滤材料取代。

织造布是最主要的织造类非金属过滤材料，是指先将纤维或细丝纺织成连续长纱，所得长纱经过纺织或编排，从而交错成形的材料。其关键特征是纱线按照一定几何规律排列，通过接触点的摩擦力而非其他硬性黏合的方式固定。选择织造布作为过滤材料时主要考虑的因素是基本原料，纺纱方式所决定的纱线形态，纱线编排/纺织方式以及最后的成形处理方式。从性能上说，主要考察的指标有宽度、克重、强度、伸长量、厚度、化学特性、柔韧性及多孔性。织造布种类繁多，仅从基本原料及纱线形态来说就不胜枚举，为各种过滤用途提供了较宽的选择余地，但同时也提高了精确选择的难度，解决之道就是全面掌握织造布各层次结构及性能特点。下面分别从基本原料、纺纱方式所决定的纱线形态、纱线编排/纺织方式以及最后的成形处理方式四个基本因素的角度，按照由基础结构到高层结构的递进次序介绍织造布的现状及技术发展趋势。

1. 基本原料

非金属过滤材料的基本原料种类繁多，按纤维材质来源划分，可分为两大类，一是天然纤维，包括植物类（如棉、亚麻、黄麻及木纤维等）和动物类（如蚕丝、毛发等）；另一类为人工纤维，包括玻璃、陶瓷、碳、再生纤维素等天然材料再加工而成的纤维，以及人工合成的纤维，如以涤纶、尼龙、丙纶、聚酯、聚丙烯腈类、芳族聚酰胺、维纶、腈纶、聚氨酯等热塑性聚合物制备的。

原料化学组成及其构型、构象等是决定纤维乃至整体过滤材料基本物理性能及化学稳定性的主要因素，表 10-5、表 10-6 中分别列出了船用非金属过滤材料常用纤维原料的化学结构、在部分条件下的化学稳定性及其物理性能。

表 10-5　进气过滤材料常用纤维结构及化学稳定性

纤维名称			基本组成单元	化学稳定性（接触下列物质时）*					
中文名称	英文名称	简称		无机酸	有机酸	碱	氧化剂	有机溶剂	生物试剂
棉	Cellulose	Cotton	纤维素结构式	×	×	○	×	○	×
涤纶	Polyester	PET	$+O-CH_2-CH_2-O-C(=O)-C_6H_4-C(=O)+_n$	○	√	×	◎	○	√
丙纶	Polypropylene	PP	$+CH_2-CH(CH_3)+_n$	√	√	√	◎	◎	√
乙纶	Polyethylene	PE	$+CH_2-CH_2+_n$	√	√	√	◎	◎	√
腈纶	Polyacrylonitrile	PAN	$+CH_2-CH(CN)+_n$	√	√	○	√	◎	√
尼龙 6	Polyamide	PA-6	$+N(H)-(CH_2)_5-C(=O)+_n$	×	◎	√	◎	○	√

中文	英文	简称	结构式						
芳香尼龙	Polyaramid	Nomex	芳香聚酰胺结构式	◎	◎	○	◎	V	V
聚酰亚胺	Polyimide	PI	$-[\text{N}-\text{R}]_n-$（聚酰亚胺结构式）	◎	×	V	◎	◎	V
特氟龙	Polytetrafluoro ethylene	PTFE	$-\left[\begin{array}{c}F\ F\\ \text{C}-\text{C}\\ F\ F\end{array}\right]_n-$	V	V	V	V	V	V
氯纶	Polyvinyl chloride	PVC	$-[\text{CH}_2-\overset{Cl}{\text{CH}}]_n-$	V	V	◎	V	V	V
聚苯硫醚	Polyphenylene sulphide	PPS	$-[\text{C}_6\text{H}_4-\text{S}]_n-$	V	V	◎	V	V	V

注：优√、良○、中◎、差×。

表10-6 进气过滤材料常用纤维物理性能

纤维名称			物理性能					
中文名称	英文名称	简称	最高连续使用温度/℃	密度/(g/cm³)	吸水率（质量分数,%）	湿断裂强力/(gf/den)	断裂伸长率(%)	耐磨性能*
棉	Cellulose	Cotton	93	1.55	16~22	3.3~6.4	5~10	◎
涤纶	Polyester	PET	150	1.138	0.04~0.08	3~8	10~50	∨
丙纶	Polypropylene	PP	120	0.91	0.01~0.1	4~8	15~35	○
乙纶①	Polyethylene	PE	93~110	0.92	0.01	3.5~7	10~45	○
尼龙6	Polyamide	PA~6	105~120	1.14	6.5~8.3	3~8	30~70	∨
芳香尼龙	Polyaramid	Nomex	205~230	1.38	0.1~3.3	4.1	14	∨
聚酰亚胺	Polyimide	PI	260	—	3	4.2	30	○
特氟龙	Polytetrafluoro ethylene	PTFE	260~280	2.3	—	0.9~3.3	10~25	◎
氯纶	Polyvinyl chloride	PVC	65~70	1.38	2	1~3	11~18	◎
聚苯硫醚	Polyphenylene sulphide	PPS	180~200	1.37	—	3.5	35	○

注：优∨、良○、中◎、差×。
① 表中所列性能为高密度聚乙烯（HDPE）的。

2. 纱线形态

纱线形态包括纱线构成方式、横截面形状、几何尺寸（主要指纱线的直径、长度及其分布）和表面特性等方面。

（1）构成方式　纱线的构成方式有单丝、复丝、短纤维等，如图 10-9 所示。单丝纱是将熔融聚合物经特制喷头或模具喷出后获得所需直径和横截面形状的单根连续长丝（真丝除外）。由单丝纱织成的滤材的特点是不易被堵塞，卸饼性能及再生性能好。复丝纱的生产与单丝纱相似，不同之处在于纺丝喷头上不是一个孔而是多个孔，如此有多个纱线同时喷出，直径约为 0.03mm，捻制在一起即成复丝纱。细纱线经捻制后不仅增加了纱线强度、刚性，而且在后加工和使用过程中耐磨性能显著提高。其构成的滤材的特点是抗拉强度高，卸饼性能和再生性能较好。短纤维纱是将短纤维捻成一股连续的纱线，图 10-10 是一种短纤维纱的放大图片，其构成的滤材的特点是颗粒截留性能好，同时可提供极佳的密封性能。表 10-7 总结了纱线构成方式对过滤织物性能的影响规律。

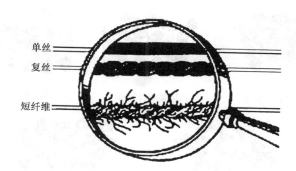

图 10-9　纱线的三种标准构成方式

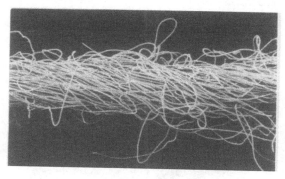

图 10-10　某种短纤维纱放大图片

表 10-7　纱线构成方式对过滤织物性能影响规律

性能特征	优选序列		
	1	2	3
最佳过滤清澈度	短纤维	复丝	单丝
最低流动阻力	单丝	复丝	短纤维
滤饼最小吸湿率	单丝	复丝	短纤维
最佳卸饼性能	单丝	复丝	短纤维
最长纤维寿命	短纤维	复丝	单丝
最难堵塞	单丝	复丝	短纤维

注：1 = 最好。

（2）横截面形状　纱线横截面形状对过滤材料的过滤效果有一定影响，主要类型有三角形、变形三角形、五角形、圆中空形、三叶形、双十字和扁平形等。图 10-11 列出了几种合成纤维横截面形状，图 10-12 是 Lenzing 的 P84（聚酰亚胺）纤维横截面照片。

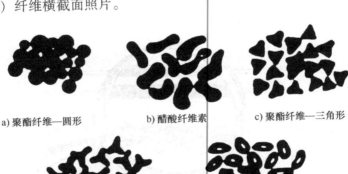

a) 聚酯纤维—圆形　　　　b) 醋酸纤维素　　　　c) 聚酯纤维—三角形

d) 聚酯纤维—三叶形　　　　e) 聚酯纤维—中空形

图 10-11　几种合成纤维横截面形状

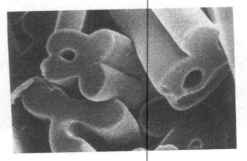

图 10-12　Lenzing 的 P84 纤维横截面照片

148

纤维表面特性包括表面是否光滑、极性大小、比表面积值等都会对过滤效果产生影响。表 10-8 中列出了纱线直径、扭绞程度和纤维多样性等对过滤性能的影响。

表 10-8　纱线结构对织物过滤性能的影响

性能特征	结构参数								
	纱线直径			扭绞程度			纤维多样性		
	1	2	3	1	2	3	1	2	3
最佳过滤清澈度	大	中	小	低	中	高	高	中	低
最低流动阻力	小	中	大	高	中	低	低	中	高
滤饼最小吸湿率	小	中	大	高	中	低	低	中	高
最佳卸饼性能	小	中	大	高	中	低	高	中	低
最长纤维寿命	大	中	小	中	低	高	中	高	低
最难堵塞	小	中	大	高	中	低	低	中	高

注：1 = 最好。

3. 织造方式

（1）编织方式　用于过滤的织造布的基本编织方式主要有三种，分为平纹、斜纹和缎纹，如图 10-13 所示。它们之间的区别在于纵向的经线（图 10-13 中数字 1、2、3 等表示的线）与横向的纬线（图 10-13 中字母 a、b、c 等表示的线）上下交错排列方式不同。

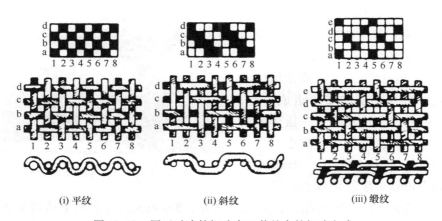

图 10-13　用于过滤的织造布三种基本的织造方式

平纹的特点是排列紧密，因此刚性较高，过滤效率较高。斜纹的关键特征是排列有规律，能得到倾斜的纹路，与平纹相比，斜纹更柔软，因此更易于在过滤器中安装。缎纹的柔软性比前两者更佳，因为纱线移动空间更大。缎纹织物通常表面更光滑，从而改善了卸饼性。但是，编织不紧密时，过滤效率难以提高。表 10-9 中列出了编织方式对织造布过滤性能的影响规律。

表 10-9 编织方式对织造布过滤性能的影响规律

性能特征	优选序列		
	1	2	3
最佳过滤清澈度	平纹	斜纹	缎纹
最低流动阻力	缎纹	斜纹	平纹
滤饼最小吸湿率	缎纹	斜纹	平纹
最佳卸饼性能	缎纹	斜纹	平纹
最长纤维寿命	斜纹	平纹	缎纹
最难堵塞	缎纹	斜纹	平纹

注：1 = 最好。

（2）织物整理方式 织物在编织完成后均需要整理，与过滤有关的整理操作主要是达到下列三个目的：

① 确保织物的稳定性；

② 修饰表面特性；

③ 调校织物穿透性。

4. 复合材料

织造布过滤材料的复合除了作为膜滤材的支撑材料外，还有表面涂覆和多层复合两种主要方式。

（1）表面涂覆 表面涂覆已经成为织造布工业的重要组成部分，可通过喷淋液体或覆盖一层薄膜后使其渗入，主要作用为改进表面穿透性。如图 10-14 所示，Madison 公司的 Primapor 涂层织物在涤纶（聚

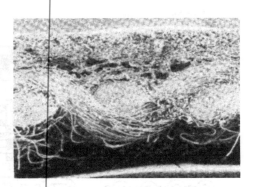

图 10-14 Primapor 涂层织物横截面图

酯）织物表面涂覆聚氨酯，表层孔径仅为 2.5～4μm，使表面穿透性显著降低，过滤精度提高。Azurtex 公司在涤纶或丙纶（聚丙烯）织物上涂覆聚氨酯，使得表面孔径降至 6μm，同时其使用寿命显著提高。

（2）多层复合 织物的多层复合是指两层或多层织物或松或紧地固定在一起。在过滤应用中，几层不同织物的复合是十分常见的，通常是孔径最细的

过滤材料在最上层，最先接触流体，作为主要的过滤材料，其他穿透性更好的材料作为基材，以提高机械强度和稳定性。当然也存在相反的情况，孔径最大的在最上层，最小的在最下层，通常用于流体所含粒子粒径分布较广、过滤范围较宽的情况。后一种情况属于深层过滤机理，多应用于非织造布和松散介质材料（如沙盘）。

瑞士 Sefar 公司将多层复合编织发展得十分精密，可以在一个生产过程中制备多层复合织物，称为"Tetex"，其产品非常适合生产过滤带，图 10-15 是一种双层复合"Tetex"过滤带的截面图，带宽为 0.8~3m，带长为 10~30m。其编织设备可同时编织几种不同的经线、纬线，（如单丝和超细复丝），同步处理大约 10000 根纱线。

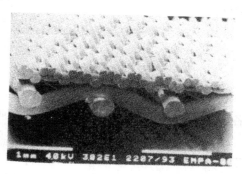

图 10-15　双层复合"Tetex"过滤带截面图

复丝和短纤维织造布与其他织造布相比，增加了一项过滤参数，即被过滤流体穿过过滤材料的方式有了两种选择，在复丝之间或穿过复丝。这取决于编织的松紧度和复丝螺旋角度。图 10-16 是两种复丝平纹织造布，图 10-17 是一种复丝斜纹织造布。

a) 复丝纤维

b) 短纤维

图 10-16　复丝平纹织造布

复丝织造布的克重范围广，从低于 $100g/m^2$ 到高于 $1000g/m^2$。气体过滤基本均采用斜纹编织，原料以玻璃丝、聚乙烯和 PTFE 为主。

10.2.2　非织造过滤材料

所谓非织造过滤材料是指由纤维或丝线无规则排列而成的多孔布，具有过滤和/或分离流体中相或组分的功能，或是作为过滤材料的支撑材料。根据加工方法分类，非织造布可分为两大类，即干法和湿法，顾名思义，干法加工成布的过程是在空气中进行的，湿法则是在水中进行的。

干法加工工艺主要有五种类型，即气流法、干法（梳理操作）、纺粘法、熔喷法和静电法。湿法加工过程与造纸类似。表 10-10 介绍了各种类型非织造布的纤维类型、加工方式和过滤应用等。表中数据显示，各种类型的非织造布几乎均可以应用到所有领域。

图 10-17　复丝斜纹织造布

表 10-10　非织造布过滤材料按照加工方式分类及相应过滤应用

加工方法	应　用	材　料　类　型
干法	工业气体过滤（滤袋）	1. 针刺和水刺 2. 膜/垫支撑
	工业排烟	针刺和水刺——热稳定性和化学稳定性优
	空气除湿器	玻璃纤维
	喷漆间	高蓬松性垫布
	熔炉和通风装置	1. 高蓬松性 2. 涤纶（聚酯）、棉、羊毛、椰壳纤维、原纤膜等垫
	通用通风装置	1. 高蓬松性板或垫 2. 单丝玻璃垫 3. 表面处理玻璃垫
	真空吸尘器袋	针刺垫，静电纤网
	空气净化	针刺垫，静电纤网
	涡轮和旋转机械（袋）	1. 针刺垫或水刺 2. 纳米纤维网/垫支撑—静电纤网 3. 膜/垫支撑
	牛奶过滤	树脂黏合
	饮料—啤酒和葡萄酒（袋）	针刺垫
	带过滤	针刺增强平纹棉麻织物—化学和机械整理
	游泳池过滤	化学黏合，针刺或水刺

（续）

加工方法	应　用	材料类型
纺粘法	柱型灰尘过滤	聚酯和尼龙
	熔炉和通风装置	平板过滤—聚酯、尼龙和/或聚丙烯
	住宅通风—板式	阶梯密度
	呼吸器	活性炭层
	车厢空气过滤	活性炭层
	涡轮和旋转机械（柱）	褶皱材料
	牛奶过滤	聚酯
	饮料—啤酒和葡萄酒（袋）	聚酯
	饮料—啤酒和葡萄酒（柱）	褶皱材料
	游泳池过滤	褶皱材料复合抗菌剂
熔喷	住宅通风（板和带过滤）	复合网/支撑材料
	外科用口罩	层压复合
	呼吸器	复合
	真空吸尘器带	复合网/树脂处理纸
	微米级滤袋	复合网/针刺垫
	深层过滤	褶皱材料
	褶皱柱	熔喷网/支撑材料
静电法	通风过滤—板式	纳米纤维—纤维素支撑材料
	车厢空气过滤	纳米纤维—纤维素或合成纤维支撑材料
	真空清洁器	纳米纤维—纤维素支撑材料
	涡轮和旋转机械（袋）	纳米纤维—针刺垫或水刺垫支撑材料
湿法	柱形灰尘过滤	树脂处理纸
	洁净房间过滤和预过滤（褶皱和微褶皱）	树脂黏合玻璃纤维
	洁净房间过滤和预过滤（袋）	玻璃纤维
	工作站过滤	树脂黏合玻璃纤维
	通风装置，高效，褶皱	树脂黏合玻璃纤维（有时抗微生物）
	外科手术口罩	层压玻璃纤维
	呼吸器	1. 玻璃纤维层压材料 2. 加入活性炭
	真空吸尘器用袋	1. 树脂处理纸 2. 熔喷/树脂处理纸 3. 纳米纤维/醋酸纤维支撑

（续）

加工方法	应 用	材 料 类 型
湿法	真空吸尘器过滤柱	玻璃纤维
	空气净化器	1. 玻璃纤维 2. 玻璃纤维/合成材料混合物
	汽车空气滤清器	树脂处理纤维素
	重度污染空气	树脂处理纤维素
	涡轮和旋转机械（柱）	1. 树脂处理纤维素 2. 玻璃纤维
	纸烟过滤带	处理纤维素
	茶袋	Abaca 纤维—有时采用热黏合纤维—高湿强度
	咖啡过滤	高湿强度纸
	牛奶过滤	树脂黏合纤维素和合成纤维混合物
	饮料—啤酒和葡萄酒（柱）	1. 树脂处理纤维素 2. 纤维素—合成材料混合物
	食用油	片形—有时用硅藻土
	游泳池	褶皱—树脂处理纤维素，抗微生物
	实验室	1. 湿强度—纤维素 2. 湿强度—高纯度纤维素 3. 玻璃纤维
	机器中油滤	1. 树脂处理纤维素 2. 树脂处理纤维素、聚酯，有时加入玻璃纤维混合物
	燃料过滤	树脂处理纤维素、聚酯纤维和玻璃纤维混合物
	燃油水分凝聚过滤器	树脂处理纤维素和玻璃纤维混合物
复合物	工业空气过滤（袋）	1. 膜/垫支撑 2. 针刺增强平纹棉织物和水刺增强平纹织物
	工业排烟	PTFE 膜/垫支撑
	柱灰尘过滤	针刺和水刺垫支撑膜
	住宅通风过滤（板和袋过滤）	1. 熔喷复合 2. 静电复合 3. 纺粘/熔喷复合（SM 或 SMS）
	外科手术口罩	1. 层压熔喷复合 2. 层压玻纤
	呼吸器	1. 静电纳米纤维膜/纺粘支撑 2. 熔喷复合 3. 纺粘复合膜/活性炭

（续）

加工方法	应　用	材　料　类　型
复合物	真空吸尘器袋	静电纳米纤维膜/湿法支撑
	空气净化	玻璃纤维或玻璃纤维/合成复合物膜/纤维素或合成纤维支撑
	汽车车厢进气过滤	1. 熔喷复合物—静电 2. 静电纳米纤维复合物
	涡轮和旋转机械（袋）	垫支撑纳米纤维—静电
	带过滤	针刺垫增强平纹织物
	微米级滤袋	熔喷/针刺垫复合物
	反渗透预过滤	层压熔喷/纤维素复合物

1. 原材料

非织造布过滤材料的原材料主要有四大类，即聚合物、纤维、黏合剂和添加剂。原料的选择主要考虑性能、加工性和经济性。所得材料要求必须具有适宜的物理性能，如厚度、强度、柔韧性和撕裂强度，材料结构必须合理以满足过滤要求，其次材料在应用环境中应具有良好的耐用性、化学稳定性和环境稳定性。

聚合物用于制备纤维、黏合用树脂、添加剂和涂层等。对于熔喷、纺粘和静电加工工艺，聚合物直接成为非织造布的原料，因为成布和纺丝过程是连续的，材料最终性能取决于聚合物性能和加工条件。而气流法、干法和湿法加工工艺须以短单丝纤维为原料。主要聚合物种类和性能在前面有简要介绍，下面着重介绍非织造布用纤维、黏合剂及添加剂等。

（1）纤维　纤维原料主要有天然纤维、合成聚合物纤维、无机和矿物纤维，在非织造布领域里经常涉及的纤维类型（其他分类方式）还有双组分纤维，纳米纤维等。表征纤维的物理及物理化学参数列于表 10-11 中。

表 10-11　非织造布用纤维原料物理及物理化学参数

物　理　参　数	物理化学参数
1. 直径	1. 玻璃化转变温度
2. 长度	2. 熔点
3. 长径比	3. 添加剂，组分，内容物和纯度
4. 密度	4. 黏结性能
5. 线密度	5. 化学成分
6. 横截面	6. 化学稳定性

(续)

物 理 参 数	物理化学参数
7. 长度参数	7. 耐腐蚀性
① 卷曲	8. 静电特性
② 翘曲	9. 防水和防雾性
③ 绞缠	10. 吸湿性
8. 内部结构	11. 湿含量
9. 强度	12. 尺寸稳定性
① 拉伸强度和断裂强度	13. 聚合物结构
② 伸长量	14. 温度和热稳定性
③ 杨氏模量	15. 表面性能
④ 硬度	16. 表面尺寸
⑤ 弯曲模量	17. 表面张力和能量
	18. 可挥发物成分

几项重要物理参数介绍如下：

1）直径。对于纤维过滤材料来说，纤维直径是影响其过滤性能的重要因素，直径越小纤网的阻力越大，非织造布的密度越大，而过滤精度越高。对于纳米粒子的高效空气过滤，即利用超细纤维，直径在 $0.2 \sim 6\mu m$ 范围内，如玻璃纤维和静电纺纳米纤维。图 10-18 是美国 Donaldson 公司生产的纳米纤维，图 10-19 显示了亚微米级的盐粒更易被纳米纤维吸附（与图中左上角直径较大的纺粘纤维相比）。

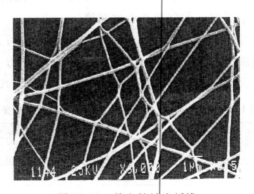

图 10-18　静电纺纳米纤维

2）长度。纺粘、熔喷和静电纺丝成网中的纤维是在线加工的连续长丝，不必考虑纤维长度的影响，而气流纤网、部分干法和湿法成网是以短纤维或切段纤维为原料的，纤维长度变化范围可能在 $25\mu m$ 的玻璃纤维和 12cm 用于干

图 10-19　亚微米级盐粒优先吸附在纳米纤维上
（与左上角直径较大的纺粘纤维相比）

法成网的切段纤维之间。

　　限制纤维长度的主要原因是加工工艺，纤维过长易造成纠缠、絮结等，并且长纤维易于形成加工方向上的取向排列，这种高度定向排列易造成横向强度降低。当然，纤维长度的适当增大带来的纠缠效果可提高拉伸、弯曲和撕裂强度，柔韧性和断裂伸长率也有所改善。

　　3）长径比。纤维长径比即纤维长度和直径的比值，是影响非织造布质量和性能的重要因素。长径比对纤网变形及纵横性能比的影响比纤维长度的影响更大。表 10-12 介绍了几种用于湿法成网的纤维长径比值及模量情况。

表 10-12　用于湿法成网的纤维长径比值及模量

纤　维	性　　质	长度/mm	纤维直径/μm	长　径　比	模量/(g/den)
Esparto	草	1.3	9	144	
Sisal		3.0	20	150	1300~2600
Abaca	马尼拉大麻	6.0	24	250	1750
Eucalyptus	短纤维牛皮纸	1.0	13	77	
Birch	硬木牛皮纸	1.9	28	68	
Aspen	硬木牛皮纸	1.1	18	61	
Beech	硬木牛皮纸	1.2	18	67	
Redwood	北方软木牛皮纸	6.1	58	105	870
Douglas fir	北方软木牛皮纸	3.8	40	95	599
West. red cedar	北方软木牛皮纸	3.5	35	100	900
Slash pine	南方软木牛皮纸	4.6	40	115	
Loblolly pine	南方软木牛皮纸	3.5	40	88	
Cotton linters	棉	2.0	18	111	360~450

（续）

纤　维	性　质	长度/mm	纤维直径/μm	长径比	模量/(g/den)
glass microfiber	玻璃	1.0	0.6	1667	1200~3000
DE rovings	玻璃	6.4	6.5	985	1200~3000
Rayon	3旦	6.4	16	400	400~600
Rayon	3旦	12.7	16	794	400~600
Rayon	1.5旦	12.7	11.8	1076	400~600
Rayon	20旦	19.1	43	444	400~600
PET	3旦	6.4	18	356	300~600
PET	3旦	12.7	18	706	300~600
PET	1.5旦	6.4	12.4	516	300~600
PET	1.5旦	12.7	12.4	1024	300~600
Nylon	3旦	6.4	19.3	332	210~340
Nylon	3旦	12.7	19.3	658	210~340

4）线密度。纤维线密度是指单位长度纤维质量，有以下几种单位：

① 旦（Denier，简称 den）：9000m 纤维克重，经常简写为 dpf；

② 特（Tex）：1000m 纤维克重；

③ 分特（Decitex）：10 000m 纤维克重。

5）横截面形状。非织造布用纤维的横截面可能有各种形状，对过滤性能、加工性能有一定影响。如三叶形横截面可以增加过滤面积，制备材料有聚酯、尼龙、碳纤维等。分段双组分纤维可劈裂成更细的纤维，提高过滤效率。十字形或三叶横截面纤维可改善梳理操作时的加工性。

下面分别对常用材料的各项参数及其对性能的影响进行介绍。

1）聚乙烯纤维。聚乙烯仅含有碳氢化合物，分为低密度聚乙烯（LDPE）、高密度聚乙烯（HDPE）和超高密度聚乙烯（UHMWPE）。具有疏水亲油性，化学稳定性较好，易燃，但可加入阻燃剂改善其易燃性，易受静电影响。表10-13中列出了聚乙烯纤维的主要性能。

表 10-13　聚乙烯纤维（LDPE 和 HDPE）的性能

性　能	数值或水平
熔点	LDPE：110℃，HDPE：135℃
玻璃化转变温度	<115℃
湿含量	标准条件下：<0.1%
静电传导性	易累积静电

（续）

性　　能	数值或水平
染色能力	没有染色产品
密度	LDPE: $0.90g/cm^3$，HDPE: $0.95g/cm^3$
韧性	6gf/den 左右，与加工方法有关
断裂伸长率	50% ~600%，与预处理方法有关
模量	与取向程度有关
耐磨性	优
阻燃性	熔融并燃烧，氧指数 <15
耐酸性	优
抗氧化性/光	能被强氧化剂蚀刻，光稳定性较差
溶剂	热碳氢溶剂（>80℃）

2）聚丙烯纤维。聚丙烯纤维亦称为丙纶，与聚乙烯的区别在于主链上有甲基支链，故与后者相比柔韧性降低，熔点和玻璃化转变温度升高，使用温度提高至 90 ~100℃。表 10-14 中列出了聚丙烯纤维的性能。

表 10-14　聚丙烯纤维性能

性　　能	数值或水平
熔点	165℃
玻璃化转变温度	−15℃
湿含量	标准条件下：>0.1%
静电传导性	易累积静电
染色能力	没有染色产品
密度	$0.90g/cm^3$
韧性	7gf/den 左右，与加工方法有关
断裂伸长率	拉伸丝：<50%，非拉伸：>500%
模量	与取向程度有关，通常为 20 ~50g/den
耐磨性	优
阻燃性	熔融并燃烧，氧指数 <15
耐酸性	优
抗氧化性/光	能被强氧化剂蚀刻，光稳定性差（除了添加光稳定剂的）
溶剂	热碳氢溶剂，氯化碳氢溶剂

3）丙烯腈纤维。丙烯腈单体含量在 85% 左右的称为丙烯腈纤维，简称腈纶。当丙烯腈单体含量降至 35% ~85% 时，称为变形腈纶，共聚单体主要有

甲基丙烯酸甲酯、丙烯酸甲酯和乙酸乙烯酯。

与乙纶、丙纶相比，腈纶柔韧性差，但温度稳定性、化学稳定性和室外暴露——光和微生物稳定性佳。丙烯腈共聚物可用来生产双组分纤维，与聚酯、尼龙或聚丙烯纤维的核壳结构不同的是，丙烯腈共聚物更易于形成二嵌段型。该种结构使得纤维在高于100℃的加工条件下因收缩特性不同而形成卷曲或螺旋形状，因此可用来生产高蓬松性材料。丙烯腈纤维性能见表10-15。

表 10-15　丙烯腈纤维性能

性　　能	数值或水平
熔点	结晶度低，熔融前分解
玻璃化转变温度	105℃
湿含量	1% ~2%
静电传导性	易累积静电
染色能力	能被阳离子和分散染料染色
密度	1.14 ~1.17g/cm^3
韧性	5gf/den 左右，与加工方法有关
断裂伸长率	10% ~50%
模量	通常为 5 ~10g/den
耐磨性	差 ~良
阻燃性	缓慢燃烧，缺氧状态下释放氰化物气体
耐酸性	优（大多数酸）
抗氧化性/光	优
溶剂	极性溶剂，如 DMF、DMSO，热水

聚丙烯腈纤维可以碳化，是制造碳纤维的主要原料。

4）聚酯纤维。聚酯纤维（PET）亦称为涤纶，刚性较高，有一定极性，熔点为260℃，可在温度较高的场所使用。涤纶生产成本的不断降低使得其在非织造布生产中应用广泛。涤纶切段纤维梳理成网，或者与其他纤维（如棉）混合制备针刺垫，广泛用于空气过滤。涤纶纺粘布在气体和液体过滤中均应用较广，并且是高效空气过滤用热粘合高蓬松网的主要原料。PBT 是与 PET 结构相近的纤维，熔点和玻璃化转变温度较后者低，可用于纺粘和熔喷加工。表10-16 中列出了聚酯纤维的性能。

表 10-16　聚酯纤维性能

性　　能	数值或水平
熔点	260℃
玻璃化转变温度	85℃
湿含量	<1%
静电传导性	易累积静电
染色能力	较弱，需要分散染料和助剂或压力
密度	1.43g/cm³
韧性	9gf/den 左右
断裂伸长率	15%～500%
模量	通常为 15g/den，工业纤维可达到 100g/den
耐磨性	优，但不及聚烯烃或尼龙纤维
阻燃性	缓慢燃烧，有烟，氧指数=20
耐酸性	良
抗氧化性/光	良
溶剂	浓缩硫酸等

5）尼龙纤维。尼龙纤维广泛应用于过滤材料中，如袋式过滤用针刺垫、高蓬松梳理网和空气/液体过滤用阶梯密度材料。Donaldson 公司应用尼龙纤维生产静电纺纳米纤维过滤材料。尼龙纤维的主要性能列于表 10-17。

表 10-17　尼龙纤维性能

性　　能	数值或水平
熔点	尼龙 66：260℃，尼龙 6：220℃
玻璃化转变温度	50℃
湿含量	4%
静电传导性	干燥空气中易累积静电，而潮湿环境中没有静电
染色能力	易于染色
密度	1.12～1.15g/cm³
韧性	10gf/den 左右
断裂伸长率	20%～500%
模量	较低
耐磨性	优
阻燃性	熔融后燃烧
耐酸性	在强酸中溶解
抗氧化性/光	在紫外线和氧化剂中降解
溶剂	强酸，DME 和其他极性有机物

6）芳香尼龙纤维。芳香尼龙纤维产品存在两种结构，分别为对位取代（para-aramid）和间位取代（meta-aramid）。芳香尼龙纤维具有热稳定性突出的特点，多应用于热空气过滤。美国 TDC 过滤公司生产的商标为 KV 的过滤材料，即以芳香尼龙纤维和玻璃纤维为原料，使用温度可达到 177℃。表 10-18、表 10-19 分别列出了对位和间位芳香尼龙纤维的主要性能。

表 10-18　对位芳香尼龙纤维性能

性　　能	数值或水平
熔点	>500℃
玻璃化转变温度	375℃
湿含量	1%~4%
静电传导性	低静电累积
染色能力	难染色，因为高熔点和高结晶性
密度	$1.44g/cm^3$
韧性	纺丝为 15gf/den，拉伸条件下退火为 25gf/den
断裂伸长率	1%~4%
模量	非常高
耐磨性	与熔-纺纤维相比差，但好于无机材料
阻燃性	标准条件下不燃烧，氧指数 = 30
耐酸性	优
抗氧化性/光	能被漂白剂氧化，长期暴露在紫外光下降解
溶剂	浓硫酸

表 10-19　间位芳香尼龙纤维性能

性　　能	数值或水平
熔点	390℃
玻璃化转变温度	280~290℃
湿含量	4%
静电传导性	干燥条件下静电可能累积
密度	$1.38g/cm^3$
韧性	2.6~2.9g/den
断裂伸长率	19%~22%
模量	8~14N/tex
耐磨性	优
阻燃性	空气中不燃烧，熔融或成滴
耐酸性	强酸中良，弱酸中优
抗氧化性/光	长期暴晒下变黄
溶剂	氢氧化钠

7）聚苯硫醚（PPS）纤维。聚苯硫醚（PPS）纤维具有线性半结晶结构，

温度低于 200℃ 时不溶于任何物质，可长期使用在 190℃ 的环境中，在绝大多数酸、有机溶剂、氧化剂等环境中化学稳定性优异。日本的 Toray 公司拥有最先进的聚苯硫醚（PPS）纤维制造技术。表 10-20 列出了聚苯硫醚（PPS）纤维的性能。

表 10-20　聚苯硫醚（PPS）纤维性能

性　　能	数值或水平
熔点	280℃
玻璃化转变温度	90℃
湿含量	4%
密度	1.43g/cm³
韧性	非常高
断裂伸长率	5%
模量	非常高
耐磨性	优
阻燃性	不燃烧，氧指数 = 47
耐酸性	强酸中良，软酸中优
抗氧化性/光	优
溶剂	无

8）聚四氟乙烯（PTFE）纤维。聚四氟乙烯（PTFE）纤维在过滤材料中的应用有三种形式——膜、纤维涂覆和纤维。针刺 PTFE 纤维垫过滤材料用于热气过滤，而湿法 PTFE 非织造布用于液体过滤。膜过滤材料是 PTFE 纤维的重要应用。PTFE 纤维在疏水性、化学稳定性和热稳定性等方面的综合性能上是所有材料中最优秀的，有"塑料王"的美称。表 10-21 列出了 PTFE 纤维的部分性能。

表 10-21　PTFE 纤维性能

性　　能	数值或水平
熔点	327℃
湿含量	<0.1%
密度	2.13 ~ 2.22g/cm³
韧性	2gf/den
断裂伸长率	25%
耐磨性	优
阻燃性	火源移走后熄灭，氧指数 = 95
加工温度	260℃
耐酸性	非常出色
气候老化	使用 20 年无变化
溶剂	无

9）玻璃纤维。玻璃纤维是按照直径大小和化学组分来分类的。表 10-22 中列出了 Lauscha 纤维公司的 4 种玻璃纤维产品的化学组分情况。玻璃纤维的直径变化范围大，是其过滤效率的决定因素，直径越小，过滤效率越高。

表 10-22　Lauscha 纤维公司玻璃纤维的化学组分　　（单位:%）

化学组分	A 种产品	B 种产品	C 种产品	D 种产品
SiO_2	69.0 ~ 72.0	55.0 ~ 65.0	63.0 ~ 67.0	50.0 ~ 56.0
Al_2O_3	2.5 ~ 4.0	4.0 ~ 7.0	3.0 ~ 5.0	13.0 ~ 16.0
B_2O_3	< 0.09	8.0 ~ 11.0	4.0 ~ 7.0	5.8 ~ 10.0
Na_2O	10.5 ~ 12.0	9.5 ~ 13.5	14.0 ~ 17.0	< 0.6
K_2O	4.5 ~ 6.0	1.0 ~ 4.0	0 ~ 2.0	< 0.4
CaO	5.0 ~ 7.0	1.0 ~ 5.0	4.0 ~ 7.0	15.0 ~ 24.0
MgO	2.0 ~ 4.0	0.0 ~ 2.0	2.0 ~ 4.0	< 5.5
Fe_2O_3	< 0.02	< 0.2	< 0.2	< 0.5
ZnO	0 ~ 2.0	2.0 ~ 5.0	< 0.1	—
BaO		3.0 ~ 6.0	< 0.1	—
F_2	—	< 1.0	< 1.0	< 1.0

（2）其他原料。非织造布过滤材料的主要成分是纤维，此外还有可能含有树脂/黏合剂、填料和整理剂等。树脂和黏合剂的主要作用是增强材料强度，如刚性、撕裂强度、模量、尺寸稳定性、弯曲强度、防水性、热和温度稳定性、化学和环境稳定性以及使用寿命等。树脂对材料的过滤性能也有影响，例如，有些易成膜的树脂对过滤存在不利影响，因为膜有可能架在孔上，封堵了过滤通道。而有些树脂的热塑性或热固性对过滤是有利的，例如在打褶加工时热塑性树脂在受热状态下软化使加工更易进行，而冷却后树脂固化又增强了最终使用时褶皱的刚性。过滤材料用黏合剂的树脂品种主要有酚醛树脂和乳胶树脂两大类。

非织造布用填料和整理剂主要有吸附剂（如活性炭、活性氧化铝、沸石、离子交换树脂和硅胶等）、阻燃剂、拒水剂和杀菌剂等。拒水剂在空气过滤材料中很重要，尤其是船用空气过滤材料，可以防止材料被水浸湿或破坏。材料防水性能可通过使用防水纤维或在纤维表面涂覆拒水涂层来获得。聚酯和聚烯烃（如乙纶、丙纶）纤维等属于防水纤维，蜡、硅烷和氟碳树脂可作为拒水涂料，某些黏合剂如苯丙乳液也能提供一定的防水性。

2. 加工方法

下面简要介绍非织造布的生产加工方法，不同方法得到的材料性能差别较大。

（1）干法

1）气流成网。气流成网的基本原理是利用空气动力学原理，把经过开松、除杂、混合后的纤维喂入高速回转的锡林中，进一步梳理成单纤维，单纤维通过气流输送、扩散在收集器形成无规则网。气流成网的主要优点是纤维网中的纤维呈三维分布，纵、横向强度差异小，应用范围广。

2）干法纤网。用于过滤的干法纤网主要包括针刺垫、水刺垫、热黏合垫、树脂黏合垫和高蓬松网等。

干法纤网是经过纤维成网前的准备，机械（梳理）成网或离心动力成网，最后进行加固，加固方法主要有针刺法、缝编法、水刺法、热黏合法和化学黏合法。

如图 10-20 所示为某种针刺加固和缝编加固的干法纤网产品。

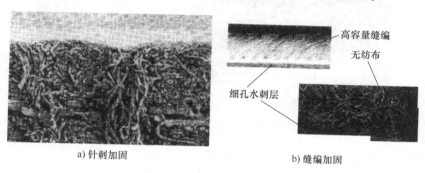

a) 针刺加固　　　　　　　　　　　b) 缝编加固

图 10-20　干法纤网产品

3）纺粘网。纺粘网加工的基本步骤是聚合物熔融、输送和过滤、纺丝、冷却牵引、分丝铺网、纤维网加固，主要原料有聚酯、聚丙烯、尼龙和聚乙烯等。图 10-21a ~ c 展示了聚合物挤出机、向下的喷头和成网过程。目前德国 Nanoval 公司发明了模头分裂拉伸技术，如图 10-21d 所示，所得纺丝纤维直径降至 $0.7 ~ 4.0 \mu m$，接近熔喷纤维尺寸。

纺粘布主要原料有聚酯、尼龙、丙纶以及乙纶等。

纺粘网具有如下结构特征：无规纤维结构；通常为白色不透明；大多纺粘布是层或片状结构，层数增加则克重增加；克重 $5 ~ 800 g/m^2$，通常为 $10 ~ 20 g/m^2$；纤维直径 $1 ~ 50 \mu m$，最佳为 $15 ~ 35 \mu m$；布厚 $0.1 ~ 4.0 mm$，通常为 $0.2 ~ 1.5 mm$；与其他类型非织造布、织造布和编织材料相比单位重量的强度高；纤维无规排列使得平面上各向同性；良好的磨损和挺括性；高容纳能力；抗面内剪切性好；悬垂性低。

a) 聚合物挤出机   b) 喷头

c) 成网过程   d) 模头分裂拉伸技术

图 10-21　纺粘网加工过程

　　4) 熔喷网。如图 10-22 所示为熔喷网加工示意图，熔喷网与纺粘网加工之间的关键区别是模头，即纤维形成过程。在纺丝成网工艺中，采用骤冷空气对挤出的熔体细丝进行冷却，同时还有拉伸气流，在细丝的冷却过程中同时受到拉伸作用，形成的连续长丝被铺放到成网帘上；而在熔喷法工艺中，离开喷丝孔的熔体是在高速热空气作用下吹成超细的短纤维，以极高速度飞向凝网帘或滚筒上形成纤维网。

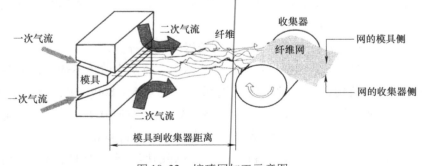

图 10-22　熔喷网加工示意图

熔喷法加工是非织造布的主要生产工艺，发展方向是生产更细的纤维以提高过滤精度，以及加工含有双/多组分纤维的网。

熔喷网具有如下结构特征：无规纤维定向；低到中等的纤网强度；通常是高度不透明的；熔喷纤网的强度来自纤维物理缠结和摩擦力；大多数熔喷网是层或片状结构，层数增加则克重增加；克重 $8 \sim 350 g/m^2$，通常为 $20 \sim 200 g/m^2$；纤维直径 $0.5 \sim 30 \mu m$，最佳为 $2 \sim 7 \mu m$；微米纤维具有高表面积，故绝缘性和过滤性能佳；纤维表面光滑，横截面为圆形。

如图 10-23 所示，同一根纤维的直径有变化，纤维在纤网长度方向上是连续的；如图 10-24 所示，纤维有热分叉形成，目前尚不清楚分支是怎样形成的，但必然与挤出纤维在气流中的复杂情况有关。

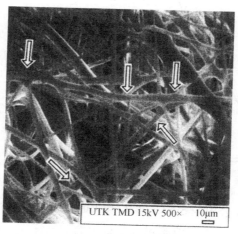

图 10-23　同一根熔喷纤维的直径变化

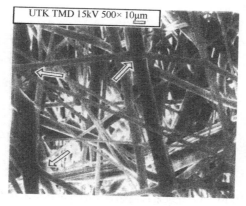

图 10-24　熔喷纤网中纤维的热分叉

大多数熔喷网是与纺粘网或湿法成网复合使用的。

5）静电纤网。如图 10-25 所示为静电纤网加工示意图，所得纤维直径用于过滤的粒子尺寸为 0.25μm 左右。静电纤网的厚度通常很小（1μm 或更小），机械性能较低，所以需要支撑材料来提供过滤材料的强度和稳定性，该支撑材料通常是根据过滤应用来选择的非织造布。

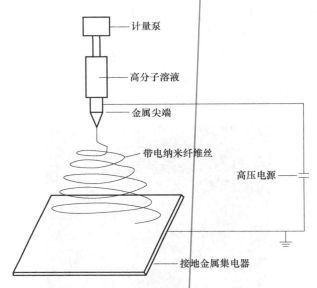

计量泵

高分子溶液

金属尖端

带电纳米纤维丝

高压电源

接地金属集电器

图 10-25　静电纤网加工示意图

美国 Donaldson 公司的 Spider Web 和 Ultra Web 过滤材料以尼龙为原料生产，如图 10-26 所示为在纤维素过滤基材上的纳米纤维。对于海面上气溶胶的过滤，Schreuder-Gibson 和 Gibson 研究了以聚氨酯和尼龙为原料通过静电纺纳米纤维制造的非织造布。

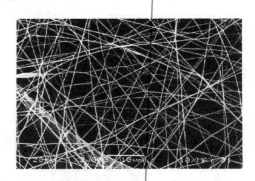

图 10-26　纤维素过滤基材上的静电纺纳米纤维

（2）湿法非织造布　湿法非织造布是指以水为介质，采用造纸的方法成网，即利用水、纤维或可能添加的化学助剂在专门的成形器中脱水而成纤维状物，再经物理或化学处理加工得到的非织造布。湿法工艺具有生产速度高、适用原料范围广、成网结构和均匀度好的优点；但设备一次性投资较大，工艺流程复杂，对原料及成品的运输、存放、操作等质量控制要求较高。内燃机过滤材料多采用湿法非织造布。

湿法成网的结构和性能变化大，主要受用途、设计、原材料和生产工艺的影响。其中，对于空气过滤最重要的材料是玻璃纤维湿法纤网，几乎所有的高效空气粒子过滤（HEPA）和超低透气性空气过滤（ULPA）的过滤材料都含有玻璃纤维。玻璃纤维湿法纤网的主要厂商有 Lydall 过滤/分离集团、H&V 公司等。

（3）复合加工与复合过滤材料　为了优化过滤性能，常采用几种不同的材料复合使用，复合方式有多种，新出现的较独特的方式是持续在线复合，主要有：SMS（Spunbond/melt-blown/spunbond，纺粘/熔喷/纺粘）、多层复合、层压、缠结（包括水刺缠结、针刺和缝编等）、收集（作为其他过滤材料生产时的收集基材）。如图 10-27 所示为两种非织造布通过水刺复合的示意图。

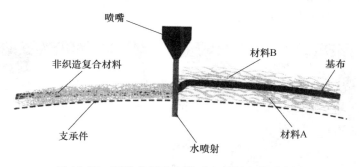

图 10-27　两种非织造布通过水刺复合的示意图

复合过滤材料是指多层过滤材料的复合，每层在过滤或分离操作中都起到不同的作用，可能有如下情况：

① 一层或多层材料为过滤层提供强度支撑，如平纹织造布增强针刺垫；

② 对于深层过滤，把过滤效率不同的材料加以复合以形成阶梯密度材料，如迎风面材料孔径大以阻挡大粒子，背风面孔径小以过滤小粒子；

③ 同一过滤材料中应用多种分离技术，如将活性炭与一层或多层非织造布复合，后者起到过滤粒子的作用，而前者的作用是吸附分子污染物；

④ 外层材料起到防止内层材料迁移并容纳内层中脱落的灰尘和粒子的作用。

复合材料既可以是不同织造过滤材料的复合，也可以是不同非织造过滤材料的复合，还可以是织造过滤材料和非织造过滤材料之间的复合。

（4）打褶工艺　大多树脂处理滤纸和许多干法生产的非织造布均要进行打褶处理，以增加其过滤面积、提高其过滤强度，打褶主要有四种：齿轮打褶机、单刀打褶机、双刀打褶机和旋转打褶机。如图 10-28 所示为玻璃纤维高效过滤材料打褶工艺。

a) 打褶前　　　　　　　　　　　　　　b) 打褶后

图 10-28　玻璃纤维高效过滤材料打褶工艺

旋转打褶机是最常见的打褶机，具有加工速度快的优点。如图 10-29 所示为旋转打褶机机头及其加工的产品。

图 10-29　旋转打褶机机头及其加工的产品

10.2.3　船用进气过滤材料的选择

船用进气过滤材料的选择除考虑过滤材料的气动阻力、过滤性能、机械强度和成本外，尤其要考虑被过滤的介质，这在前面的章节中已进行了较详细的论述。从应用上讲，织造过滤材料用于液体过滤多于用于气体过滤，非织造过滤材料常用于气体过滤。随着非织造布的发展，非织造布以其原料广泛、工艺流程短、成本低等优势，正逐步取代传统的织造布。目前，绝大多数气体过滤均采用非织造布；而液体过滤时过滤材料需要承受的压力较大，某些应用要求的强度只有织造布能够满足。表 10-23 列出了几种主要织造布和非织造布过滤空气中粒子的透气性对比。

表 10-23　织造布和非织造布过滤空气中粒子的透气性对比

过滤材料类型	克重/ （g/m^2）	透气性	
		$m^3 \cdot m^{-2} \cdot min^{-1}$ （12.7mmWG）	$L \cdot dm^{-2} \cdot min^{-1}$ （20mmWG）
1. 织造聚酯切段纤维	305 ~ 480	9 ~ 30	140 ~ 475
2. 织造聚酯复丝	185	6	95
3. 织造聚酯复丝（经线）、切段纤维（纬线）	405	19	300
4. 织造玻璃复丝	295 ~ 460	10 ~ 18	155 ~ 285
5. 织造共聚腈纶切段纤维	460	6.5	105
6. 织造均聚腈纶切段纤维	375	8	125
7. 织造芳香尼龙复丝（经线）、切段纤维（纬线）	340	16	250
8. 织造芳香尼龙切段纤维	300	6	95
9. 织造 PTFE 复丝	290	9	140
10. 聚酯针刺垫	340 ~ 640	7.5 ~ 17	120 ~ 270
11. 共聚腈纶针刺垫	405 ~ 460	10 ~ 33	155 ~ 270
12. 均聚腈纶针刺垫	600 ~ 650	7 ~ 12	110 ~ 190
13. 芳香尼龙针刺垫	340 ~ 500	12 ~ 25	190 ~ 395
14. 玻璃纤维针刺垫	950	10.5	165
15. PTFE 针刺垫	750 ~ 840	6 ~ 9	95 ~ 140
16. PPS 针刺垫	500	10 ~ 15	155 ~ 235

船用进气过滤材料的选择既要考虑船舶动力装置的要求，又要考虑船舶行驶时的环境特点，也就是说，船用进气过滤材料既具有与其他发动机用过滤材料相通的特性，又具有适应特定环境的性能。

1. 过滤材料

船用燃气轮机进气过滤材料的选择要素主要有：安装位置、使用环境、所需过滤效率、压力降和机械强度。目前，应用较多的材料除传统的金属和非金属丝网织造过滤材料外，主要有纤维素纸、纤维素与涤纶混合物、玻璃纤维、玻璃纤维与合成纤维的混合物等非织造过滤材料，复合结构中通常包括熔喷或静电纤网层，并加入玻璃纤维或合成纤维的高蓬松毡作为预过滤。某些圆锥/

圆柱形过滤器在主过滤材料外圈用高蓬松毡包裹，以延长过滤器使用寿命。

AAF 公司的"DuraVee"产品为平板式过滤材料，采用两层不同密度的玻璃纤维复合，并制作成 V 形微褶板，其耐高温及耐湿性能优异，适合海上等潮湿环境。特别是该系列中的"DuraVee XL"产品，同样采用了玻璃纤维的 V 形微褶板，但刚性提高，更能适应气流/海浪冲击或振动。

表 10-24 列出了 TDC 公司用于燃气轮机进气过滤的材料。

表 10-24　TDC 公司用于燃气轮机进气过滤的材料

型　号	性　能
CX	多种纤维混合，具有高过滤效率及透气性
QX	合成纤维与纤维素纤维混合，用于恶劣环境。耐用性和过滤效率俱佳，特别适用于高湿度或需频繁冲洗的场所
SX	少量超细合成纤维与玻璃纤维混合，过滤效率极高，但可能影响进气效率，仅适用于特殊场合，强度高故使用寿命延长

Donaldson 公司用于燃气轮机进气过滤的主要材料如下：

① Synthetic——合成纤维材料，具有耐用、耐湿性能好的特点；

② Duratedk——合成纤维与纤维素纤维混合，容尘力和耐湿性能极佳；

③ Cellulose——纤维素纤维，用于过滤一定尺寸范围的粒子；

④ Spider-Web——静电纳米纤网层，起到表面过滤的作用。

Donaldson 公司的 Spider-Web 产品显微图片如图 10-30 所示。

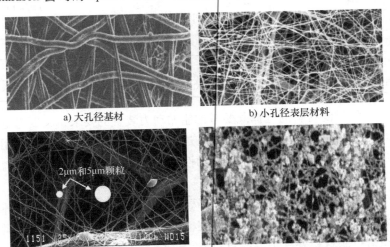

a) 大孔径基材　　　　　　　b) 小孔径表层材料

c) 粘附在表层的大颗粒灰尘　　　d) 小颗粒被表层材料阻挡

图 10-30　Donaldson 公司的 Spider-Web 产品显微图片

小孔径表层材料采用静电纳米纤网，以尼龙为原材料，颗粒优先吸附在该表层，形成表面过滤，使材料具有了表面过滤需具备的易反吹清洗等优点，同时纳米级直径的纤维所形成的细小孔径使过滤效率显著提高，而大孔径基材有利于降低滤网的压力损失。

AAF 公司的产品以纤维素-涤纶混合或玻璃纤维材料为主，采用梯度密度结构，加入高蓬松熔喷连续玻璃长丝毡。

目前，从规模和技术水平上来看，占据领先地位的有 Donaldson AFT、AAF 和 Lydall 等公司。*Diesel & Gas Turbine Worldwide* 2003 年 3 月报道，Altair 公司宣布了用于燃气轮机进气过滤系统的改进方案。Aquila 过滤器系统是 Altair 公司于 20 世纪 90 年代中期开发的用于海上环境工作的燃气轮机空气进气过滤系统，使用惯性分离级和高效过滤器的联合配置（精确的级数取决于具体的应用和环境）。典型过滤系统包含四个主要级，第一级是 Hydra 或 Hvdrd + 分离器，两者可以清除降水、水雾和海上悬浮的盐粒；第二级是 PFA 前置过滤器（可供选择的级），推荐用于高尘环境；第三级是 HEA 或 HXA 高效率过滤器，用来清除干的粒子（如灰尘和盐晶粒）；第四级是 Hydra 或 Hydra + 分离器，用来保证捕获并清除进气中任何淡水或海水。意大利燃气轮机承包商已为总计 12 台 GE LM2500 燃气轮机的进气过滤系统提供总承包服务。其中 4 套系统将用于意大利海军新的 Andrea Doria 航空母舰。其余系统将用于 4 艘地平线级防空护卫舰。

目前最先进的进气过滤材料当属聚四氟乙烯（PTFE）膜覆膜滤料，其可采取脉冲式的自清式过滤方式。美国 Gore 公司和日本 Nitto Denko Corporation 公司均公布了该种材质用于燃气轮机进气过滤系统的专利（专利号分别为 EP 1674177 和 USP 6808553）。

在理论研究方面，Wisconsin 大学和 Rhode Island 大学正在直接从事此方面的研究，其研究主要针对纤维滤器的数值模拟。目前已提出了对于顺排和插排丝网滤器的多种计算模型，但可信的实验验证尚未见报道。

2. 分级标准

国外燃气轮机进气过滤产品分级以 HVAC（Heat Ventilation and Air Conditioning）分类标准为主，包括 Eurovent 4/5、EN779、EN1822 和 ASHRAE52，目前也在推进 ISO 16890《一般通风空气过滤器检测标准》在燃气轮机行业的应用。以上标准在公开资料和网站上均可以获得，本书不再赘述。

船用过滤材料由于应用于海洋高湿环境，对过滤材料要求高，同时陆地上燃气轮机发电领域也常常发生湿堵或冰堵引起的压降上升和过滤失效情况，为此，国家能源集团科学技术研究院与中国船舶工业系统工程研究院联合牵头了"ISO29461-7 燃气轮机进气过滤元件抗湿性能测试方法"国际标准项目，并在ISO TC142 成功立项。目前，该标准已处于国际标准草案稿（DIS）阶段，将于 2022 年正式发布。该标准也可以作为船用进气过滤材料选型时测试其抗湿性能的依据之一。

燃气轮机进气质量对于燃气轮机效率和机组寿命有着重大影响。目前，燃气轮机领域在参考《一般通风空气过滤器检测标准》，其检测内容和检测方法在针对性和全面性方面难以满足燃气轮机行业的应用需求，国内有必要研究燃气轮机进气质量保障的专门检测体系，以推动我国燃气轮机行业的健康发展。